物联网工程专业系列教材

嵌入式应用 Qt_C++ 传感数据采集开发实训教程

主　编　刘和文　文　燕　谢忠敏

副主编　李宇松　李　雪　邹承俊

中国水利水电出版社
www.waterpub.com.cn
·北京·

内 容 提 要

本书根据实际操作与所学习的专业理论知识相结合、技能与经验相结合、实训与就业相结合、图文并茂易学易操作的原则，围绕物联网的传感器数据采集及应用和高职院校技能大赛涉及的关键技术，搭建了一个完整的教学和实训体系，指导物联网综合实训平台教学与实训和实验室的正确使用，重点介绍了 A8 开发平台搭建、Linux 开发环境搭建和配置、基于 Qt Creator 的 C++应用开发，以学院智能农业大棚的实际项目为实例，在 Linux 下利用 Qt Creator C++编程控制温湿度传感器数据采集和继电器的控制流程和方法。

本书主要作为物联网技术应用专业学生学习“传感数据采集”“嵌入式应用”“Qt 下 C++开发”等课程的实验教材，也可以作为高等职业院校物联网应用技术、电子信息工程技术、嵌入式技术、通信技术以及计算机应用、软件设计等相关专业的教学参考书，同时还可以作为物联网相关工程技术人员学习物联网技术、设计开发物联网应用系统的参考书。

图书在版编目（CIP）数据

嵌入式应用Qt_C++传感数据采集开发实训教程 / 刘和文，文燕，谢忠敏主编. -- 北京 : 中国水利水电出版社，2018.3

物联网工程专业系列教材

ISBN 978-7-5170-6206-6

Ⅰ. ①嵌… Ⅱ. ①刘… ②文… ③谢… Ⅲ. ①C++语言－程序设计－高等职业教育－教材 Ⅳ. ①TP312.8

中国版本图书馆CIP数据核字(2017)第326341号

策划编辑：寇文杰　责任编辑：高　辉　加工编辑：王玉梅　封面设计：李　佳

书　名	物联网工程专业系列教材 嵌入式应用 Qt_C++传感数据采集开发实训教程 QIANRUSHI YINGYONG Qt_C++ CHUANGAN SHUJU CAIJI KAIFA SHIXUN JIAOCHENG
作　者	主　编　刘和文　文　燕　谢忠敏 副主编　李宇松　李　雪　邹承俊
出版发行	中国水利水电出版社 （北京市海淀区玉渊潭南路 1 号 D 座　100038） 网址：www.waterpub.com.cn E-mail：mchannel@263.net（万水） sales@waterpub.com.cn 电话：（010）68367658（营销中心）、82562819（万水）
经　售	全国各地新华书店和相关出版物销售网点
排　版	北京万水电子信息有限公司
印　刷	三河市铭浩彩色印装有限公司
规　格	184mm×260mm　16 开本　7.5 印张　189 千字
版　次	2018 年 3 月第 1 版　2018 年 3 月第 1 次印刷
印　数	0001—1000 册
定　价	21.00 元

前　　言

物联网被称为继计算机、互联网之后世界信息产业发展的第三次浪潮。物联网产业发展需要研究型、技术型、综合型、工程型等不同层次的人才，其中高等职业院校适合培养工程技术应用型人才。为了高职院校能培养出高素质的技术技能型人才，使学生更好地将所学习的核心专业知识应用到具体的技能与工程实践中，作者根据成都农业科技职业学院校企合作建设的物联网实验室（成都市市级重点实验室）物联网综合实训平台的实际使用情况，结合多年的教学和工程经验，编写了物联网应用技术专业的综合实训指导书《嵌入式应用 Qt_C++传感数据采集开发实训教程》。

本书根据实际操作与所学习的专业理论知识相结合、技能与经验相结合、实训与就业相结合、图文并茂易学易操作的原则，围绕物联网的传感器数据采集及应用和高职院校技能大赛涉及的关键技术，搭建了一个完整的教学和实训体系，指导物联网综合实训平台教学与实训和实验室的正确使用，重点介绍了 A8 开发平台搭建、Linux 开发环境搭建和配置、基于 Qt Creator 的 C++应用开发。

本书共三个单元：A8 开发平台搭建、Linux 开发环境搭建和配置、基于 Qt Creator 的 C++应用开发。第三单元介绍了基于 Qt Creator 的 C++开发基础和工程开发流程，并通过温湿度与继电器智能联动设计综合系统且应用于智能农业项目中。每个实训单元都介绍了项目的实际操作步骤、过程和经验。

本书主要作为物联网技术应用专业学生学习“传感数据采集”“嵌入式应用”“Qt 下 C++开发”等课程的实验教材，也可以作为高等职业院校物联网应用技术、电子信息工程技术、嵌入式技术、通信技术以及计算机应用、软件设计等相关专业的教学参考书，同时还可以作为物联网相关工程技术人员学习物联网技术、设计开发物联网应用系统的参考书。

学时建议：如果仅仅围绕 A8 信息机进行数据采集，只进行第二单元和第三单元相关内容的实验开发则安排 30 学时，如果所有内容均作要求则需要 60 学时。

本书采用校企合作的方式，由成都农业科技职业学院一线专业课教师和实验平台设备与配件提供方共同编写，其中核心单元由刘和文（全部章节）、文燕（2.1 节到 2.3 节）和谢忠敏（3.4 节、3.5 节）编写，李宇松、李雪、邹承俊参与部分单元的编写以及文字修订与编辑工作。特别感谢无锡泛太科技有限公司、北京博创智联科技有限公司和成都知用科技有限公司在本书编写和实践验证过程中提供的技术支持与帮助。同时，也特别感谢教务处和招生就业处对教材出版给予的大力支持。

由于本书内容涉及多个专业技术领域，主要针对成都农业科技职业学院物联网实训平台，如有不妥之处，敬请广大读者批评指正。

编　者

2017 年 11 月

目　录

第一单元　A8 开发平台搭建

1.1　A8 系统的烧写

前提条件：已经将 A8 系统的内核、根文件系统、u-boot 等配置编译完毕，下面是 A8 系统的烧写简介。

1.1.1　Windows XP 下对 SD 卡进行分区

如果要在 Windows 操作系统下制作启动用的 SD/TF 卡，则需要把 SD/TF 卡分区，预留前 10MB 给 u-boot。

注意：本书中的实验使用 32GB 及以下的 SD 卡，因为在 Windows 中，能分区格式化的 FAT32 卷最大只能达到 32GB，所以建议不要使用 32GB 以上的，如需 32GB 以上的 SD 卡，可以参考执行。

在 Windows 7 系统下，往往 SD/TF 卡烧写 u-boot 不成功。

鉴于使用笔记本的 SD/TF 卡槽读写容易失败，建议使用 USB 读卡器。

（1）打开软件 WinPM.EXE。

（2）在 WinPM 窗口中选择 SD/TF 卡，如图 1-1 所示。

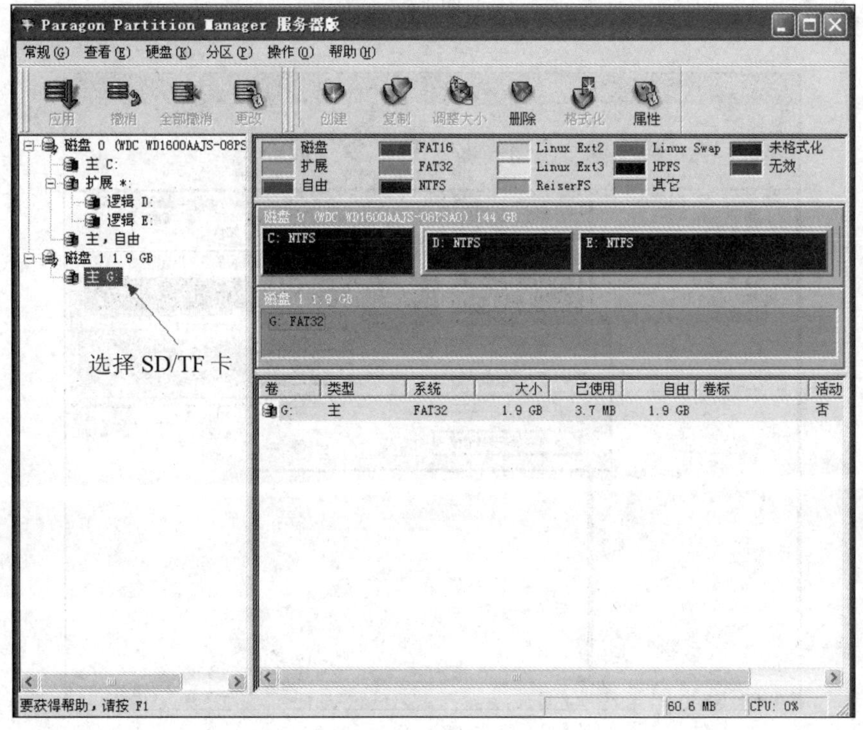

图 1-1

注意：要特别注意 SD/TF 卡对应的盘符，千万不要误操作其他分区或硬盘，以免造成数据丢失。

（3）在 WinPM 窗口中选择 SD/TF 卡并右击，在弹出的快捷菜单中选择“删除”命令，如图 1-2 所示。在弹出的对话框中单击“确定”按钮，如图 1-3 所示，勾选“下一次不询问卷标”复选框，再单击“确定”按钮，最后在弹出的确认对话框中单击“是”按钮执行删除操作。

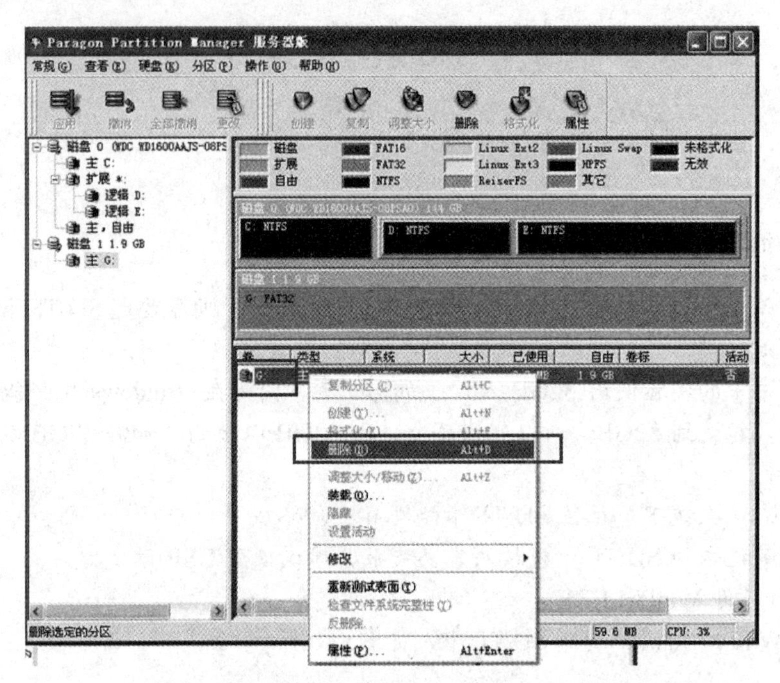

图 1-2

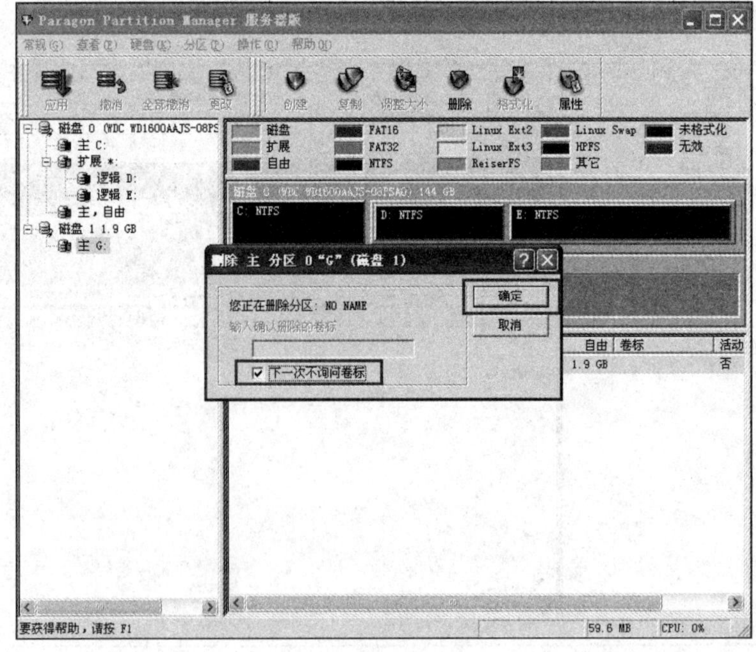

图 1-3

（4）在上一步完成后的工作窗口中右击，在弹出的快捷菜单中选择“创建”命令，如图1-4所示。

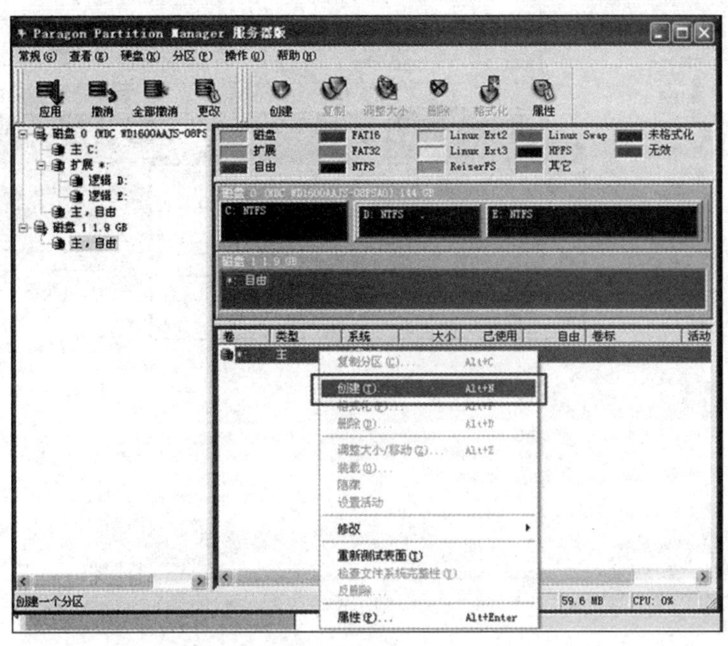

图 1-4

（5）弹出“创建分区”设置对话框，“在此之前的自由空间”项设置预留 10MB 空间，勾选“格式化新分区”复选框之后单击“确定”按钮，如图 1-5 所示。接着在“格式化主分区 1‘*’（磁盘 1）”设置对话框的“系统类型”下拉列表框中选择 FAT32 选项，单击“确定”按钮，如图 1-6 所示。最后弹出格式化确定对话框，单击“是”按钮，如图 1-7 所示。确认格式化后，在“驱动器分配盘符”设置对话框中将驱动器分配盘符设置为 G，SD 卡分区盘符已设定。

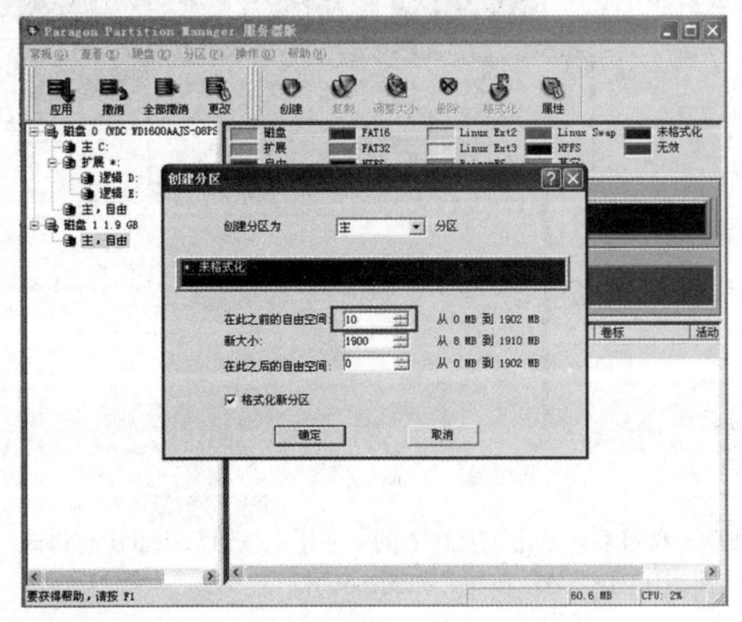

图 1-5

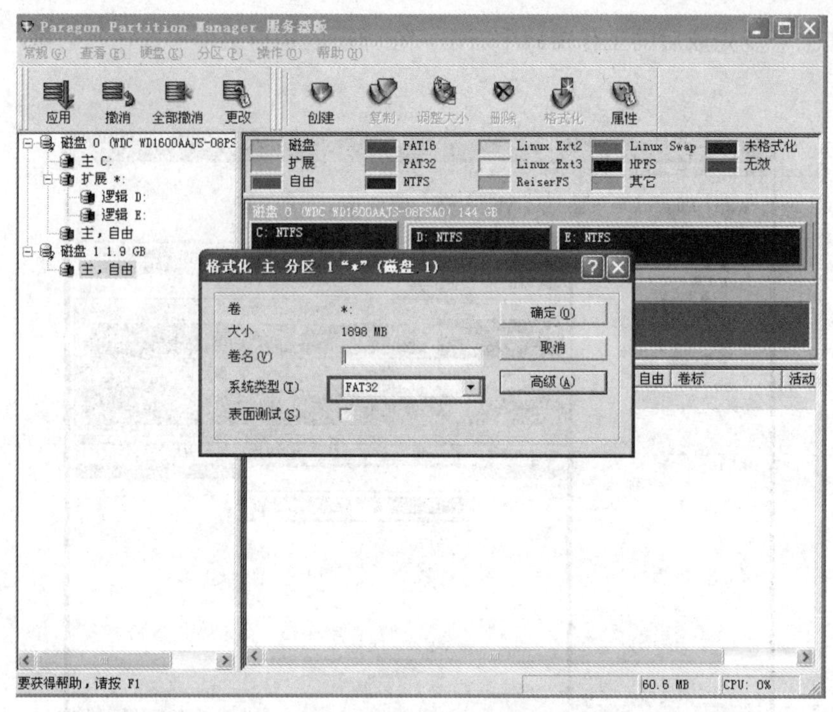

图 1-6

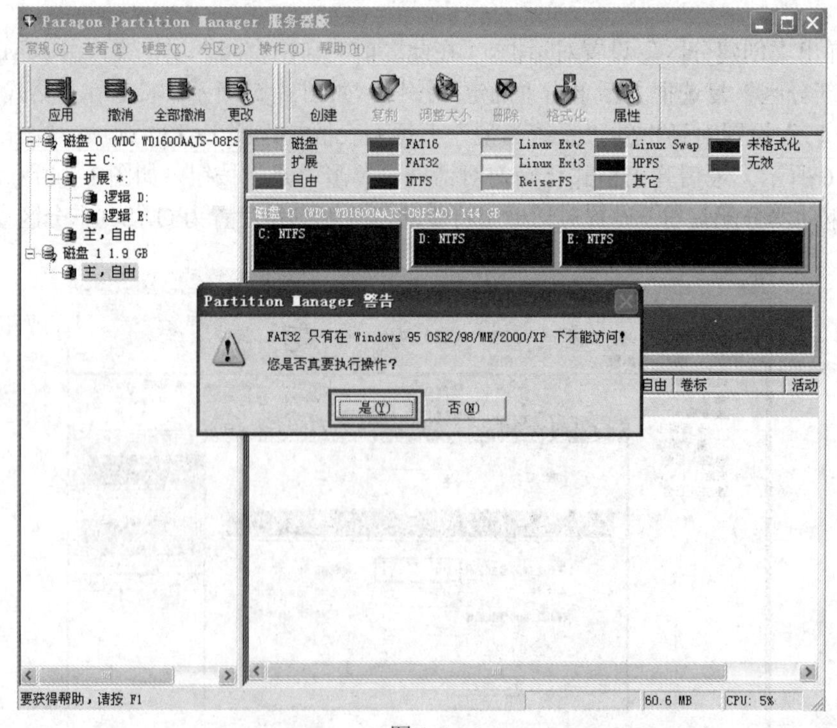

图 1-7

（6）确定 SD 卡盘符后，单击工具栏上的“应用”按钮，执行所有修改，如图 1-8 所示。在弹出的警告对话框中单击“是”按钮，如图 1-9 所示。

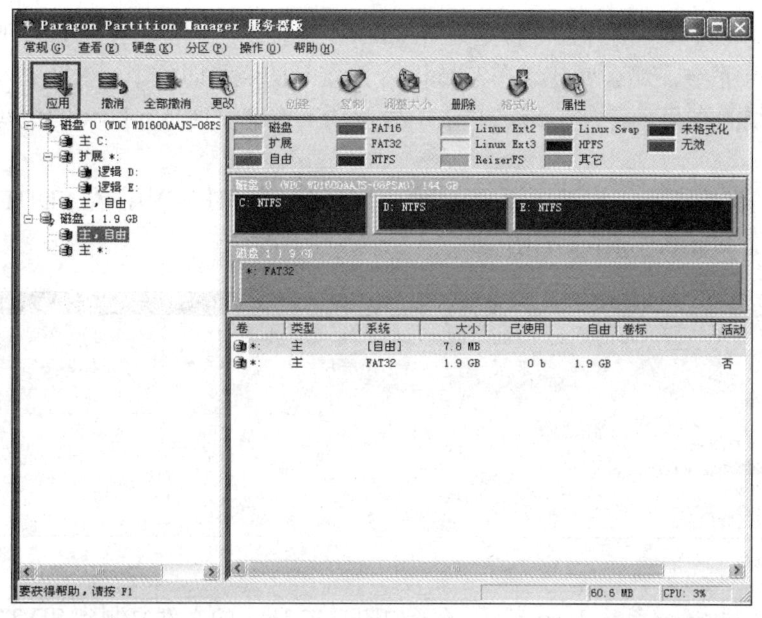

图 1-8

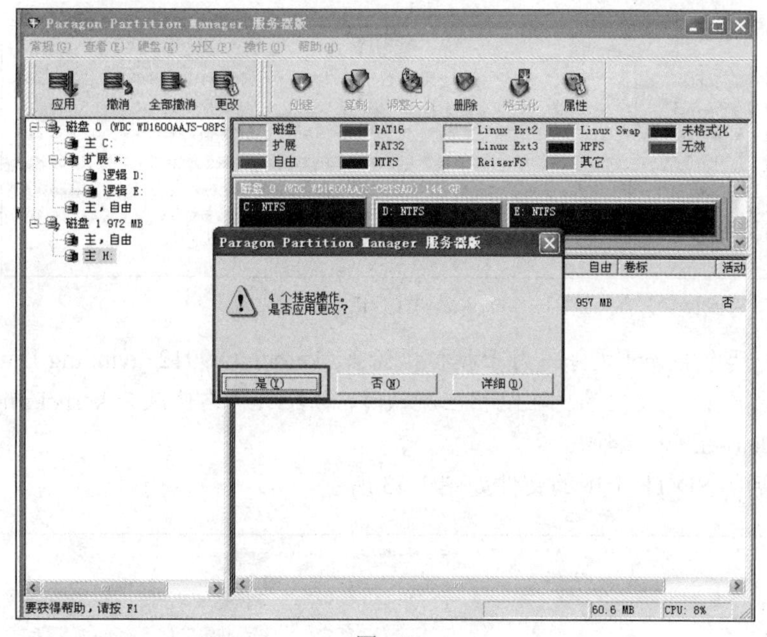

图 1-9

至此，已完成 SD 卡的分区，预留了 u-boot 所需要的空间，如图 1-10 所示。

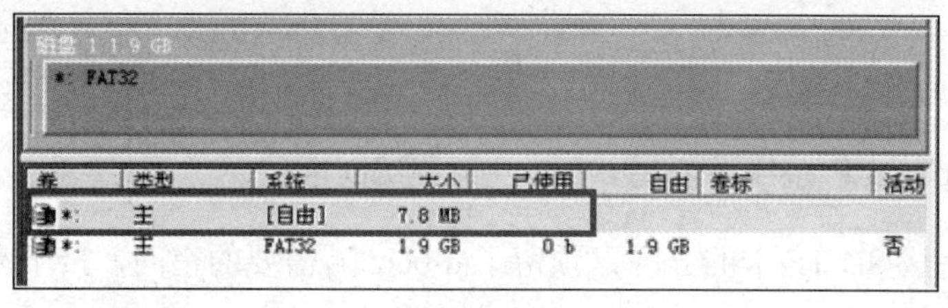

图 1-10

u-boot 的烧写方式有两种，一种是在 Windows 系统下，一种是在 Linux 下，如果大家都习惯了 Windows 系统，那么就使用在 Windows 系统下的烧写即可。

要完成系统的烧写，需要在 SD/TF 卡中做两项工作：一项是 u-boot 的烧写，一项是镜像文件。

在 SD 卡分区完成后，先把需要的镜像文件复制到 SD/TF 卡中，在 SD/TF 卡中建立一个文件夹，名字是 sdfuse，如图 1-11 所示。

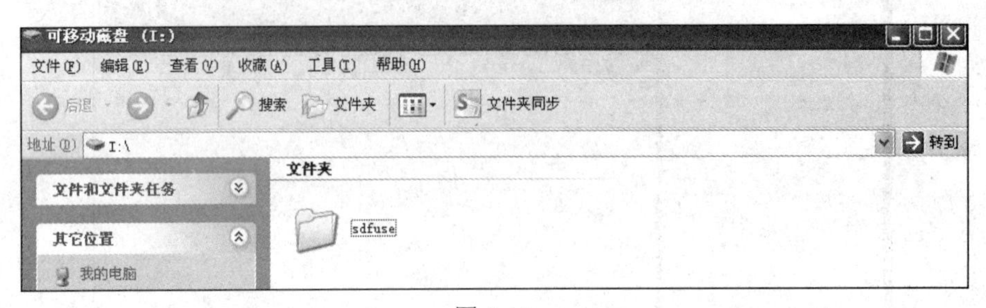

图 1-11

把“系统资料\linux 系统\Image”目录下如图 1-12 所示的文件复制到 SD/TF 卡中的 sdfuse 文件夹下。

名称	修改日期	类型	大小
fontall	2012/6/18 23:55	字体文件	2,040 KB
kernel	2014/6/12 16:09	光盘映像文件	3,664 KB
kernel_tw9912_avin	2014/6/12 15:39	光盘映像文件	3,664 KB
kernel_vga1024x768	2014/6/12 16:11	光盘映像文件	3,664 KB
logo	2014/6/17 15:33	BMP 文件	1,126 KB
system	2014/4/24 15:08	光盘映像文件	241,796 KB
u-boot.bin	2014/6/24 15:22	BIN 文件	320 KB

图 1-12

说明：另外两个 kernel 文件是用于模拟摄像头（kernel_tw9912_avin.img）和 VGA（kernel_vga1024×768.img）测试使用的。在做相应测试时，请把文件名修改为 kernel.img，因为 u-boot 烧写时只识别 kernel.img 文件。

烧写完成后的 SD/TF 卡中的文件如图 1-13 所示。

名称	修改日期	类型	大小
fontall	2012/6/18 23:55	字体文件	2,040 KB
kernel	2014/6/12 16:09	光盘映像文件	3,664 KB
logo	2014/6/17 15:33	BMP 文件	1,126 KB
system	2014/4/24 15:08	光盘映像文件	241,796 KB
u-boot.bin	2014/6/24 15:22	BIN 文件	320 KB

图 1-13

1.1.2　Windows XP 系统下烧写 u-boot.bin 到 SD 卡

在上一节已完成 SD/TF 卡的分区，预留了 u-boot 所需要的空间，接下来可烧写 u-boot 到 SD/TF 卡中。步骤如下：

（1）使用前最好先把 SD/TF 卡格式化一下。

（2）打开烧写软件 moviNAND_Fusing_Tool_v2.0。

（3）在烧写软件对话框（如图 1-14 所示）中选择 SD/TF 卡的盘号，单击 Browse 按钮到对应文件夹打开需要烧写的文件，如图 1-15 所示。

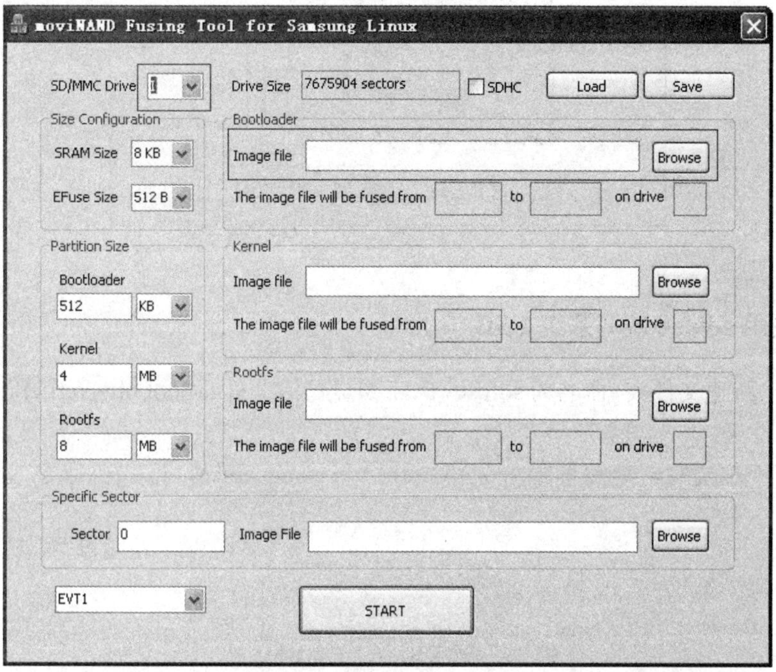

图 1-14

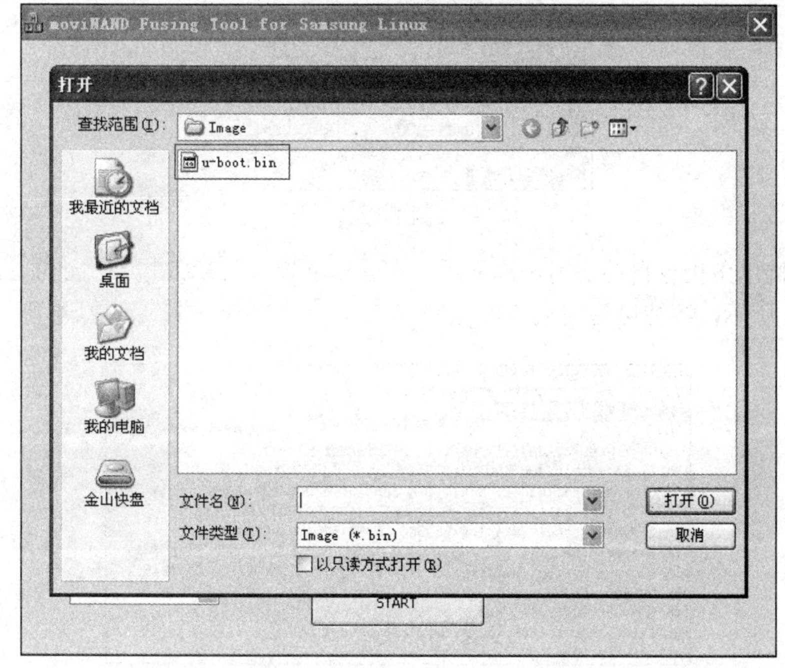

图 1-15

（4）选择好烧写的文件后，单击 START 按钮，弹出提示对话框，显示 Fusing image done（烧写成功），如图 1-16 所示。

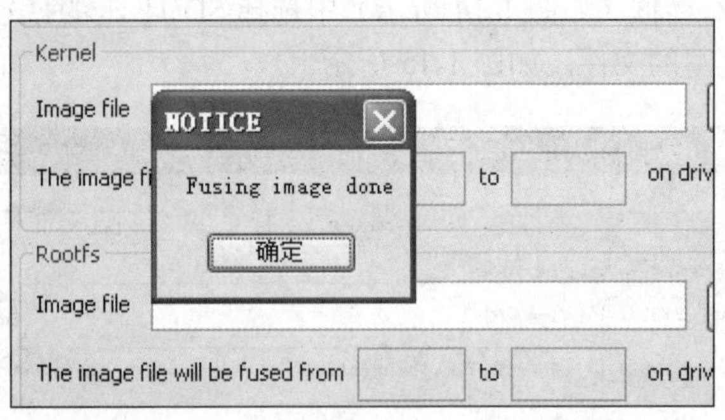

图 1-16

1.1.3 使用 sdfuse 烧写系统（SD 卡）

在 SD 卡上新建文件夹，命名为 sdfuse，把需要烧写的文件 u-boot.bin、kernel.img、system.img 放到 sdfuse 文件夹里。

如果是第一次烧写，烧写前最好先格式化一下 nand erase，格式化命令及过程如图 1-17 所示。

```
realv210_init
checking mode for fastboot ...
Hit any key to stop autoboot:  0
SMDKV210 # nand erase

NAND erase: device 0 whole chip
Skipping bad block at  0x00cc0000
Skipping bad block at  0x053e0000
Skipping bad block at  0x089a0000
Skipping bad block at  0x09b00000
Skipping bad block at  0x0a900000
Skipping bad block at  0x0f520000
Skipping bad block at  0x0fba0000
Erasing at 0xffe0000 -- 100% complete.
OK
SMDKV210 #
```

图 1-17

sdfuse 支持单条指令自动烧写全部文件，在 u-boot 命令行输入指令：sdfuse flashall，执行过程如图 1-18 所示，等待烧写完成即可。

```
checking mode for fastboot ...
Hit any key to stop autoboot:  0
SMDKV210 # sdfuse flashall
[Fusing Image from SD Card.]
Fastboot: employ default partition information
[Partition table on NAND]
ptn 0 name='bootloader' start=0x0 len=0x100000(~1024KB)
ptn 1 name='recovery' start=0x100000 len=0x500000(~5120KB)
ptn 2 name='kernel' start=0x600000 len=0x500000(~5120KB)
ptn 3 name='ramdisk' start=0xB00000 len=0x500000(~5120KB) (Yaffs)
ptn 4 name='system' start=0x1000000 len=0x5A00000(~92160KB) (Yaffs)
ptn 5 name='cache' start=0x6A00000 len=0x1400000(~20480KB) (Yaffs)
ptn 6 name='userdata' start=0x7E00000 len=N/A (Yaffs)
Partition: bootloader, File: /sdfuse/u-boot.bin
Partition1: Start Address(0x58a4), Size(0x75612c)
```

图 1-18

第二单元　Linux 开发环境搭建和配置

2.1　VMware 10 安装

（1）VMware 的安装和普通软件一样，根据安装向导提示操作即可完成安装。双击打开安装文件 VMware-workstation-full-10.0.2.exe，进入安装初始界面，如图 2-1（a）所示。

（2）根据安装向导单击图 2-1（b）中的“下一步”按钮，进入“许可协议”界面，如图 2-2 所示。

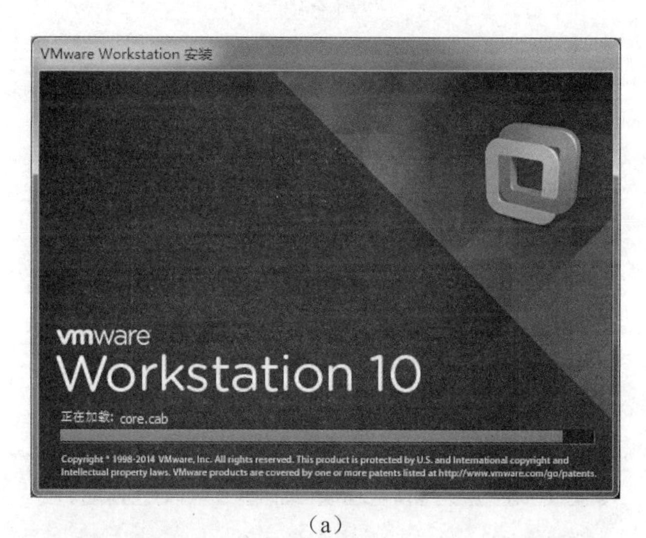

（a）

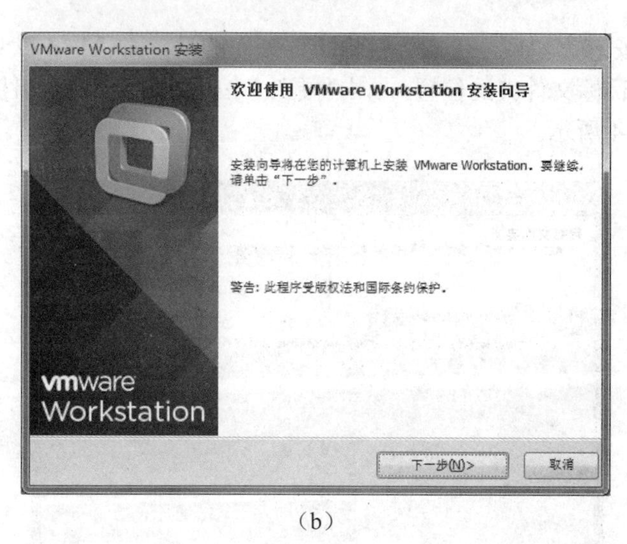

（b）

图 2-1

（3）选择“我接受许可协议中的条款”单选按钮，然后单击“下一步”按钮，进入“安装类型”界面，单击“典型”按钮后再单击“下一步”按钮，如图 2-3 所示。

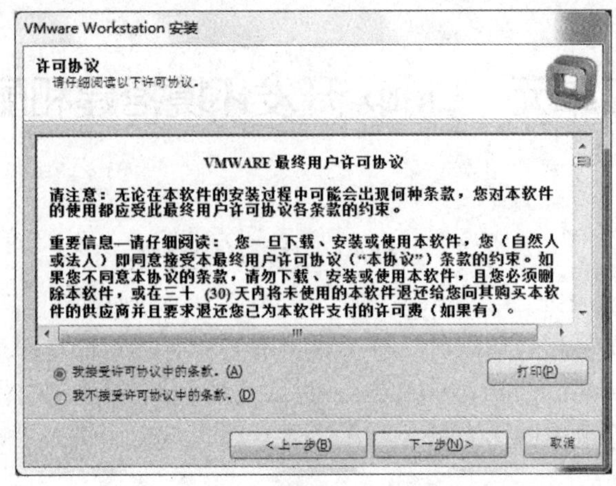

图 2-2

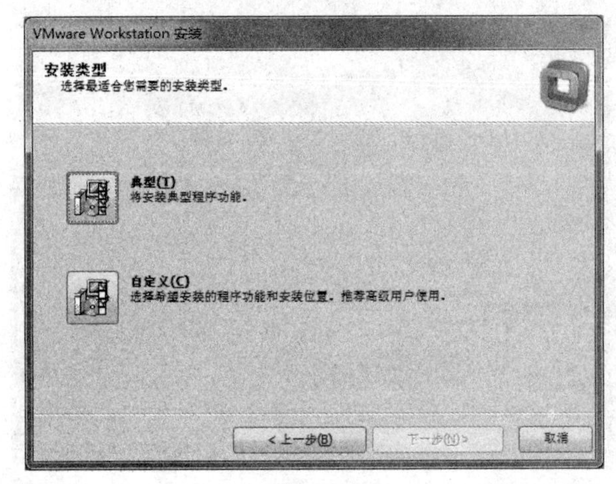

图 2-3

（4）选择典型安装类型后，进入“目标文件夹”的设置对话框，默认位置为系统盘程序文件夹下，如需更改目标文件夹的位置，单击“更改”按钮后选择目标文件夹位置，再单击“下一步”按钮，如图 2-4 所示。

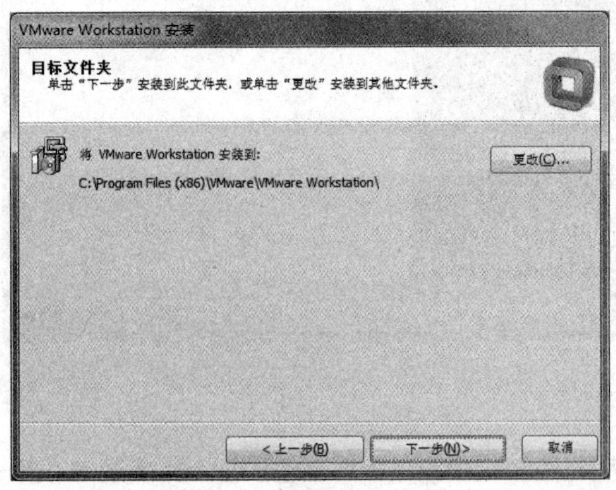

图 2-4

（5）目标文件夹位置设置成功后，进入“软件更新”设置对话框，默认情况下“启动时检查产品更新”复选框被勾选，在安装时最好取消勾选。然后单击“下一步”按钮，如图 2-5 所示。

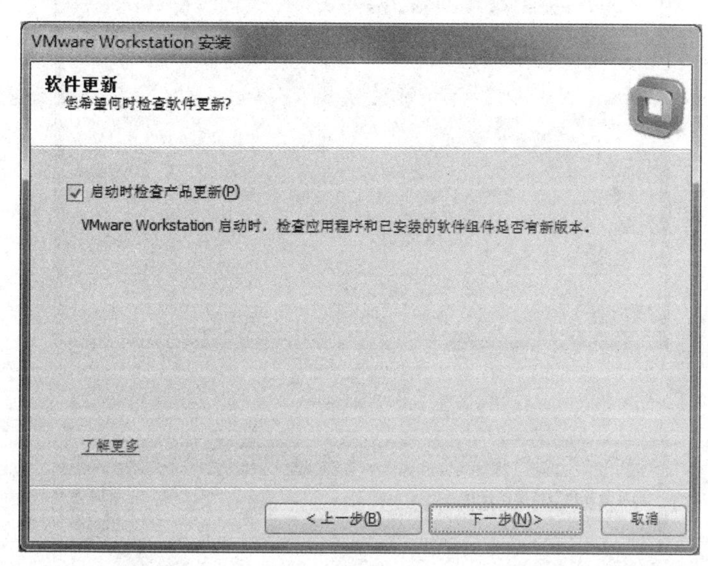

图 2-5

（6）产品更新设置完成后，进入“用户体验改进计划”设置对话框，按照默认方式，单击“下一步”按钮，如图 2-6 所示。

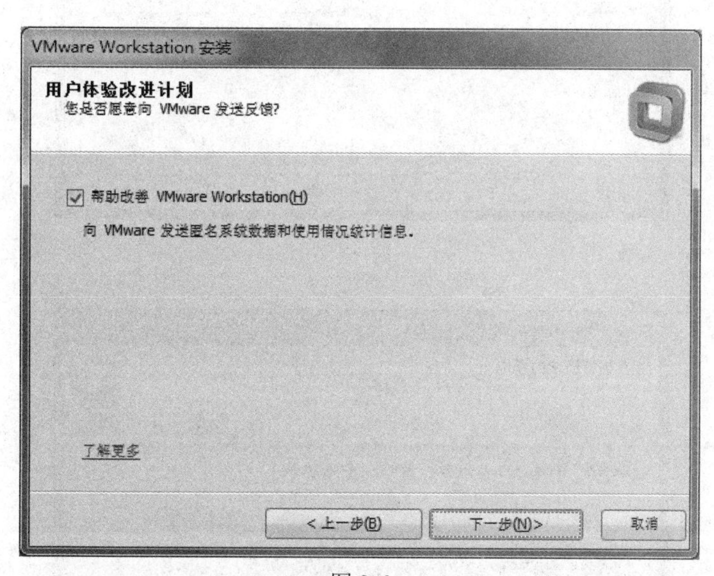

图 2-6

（7）“用户体验改进计划”设置完成后，进入“快捷方式”设置对话框，勾选“桌面”和“开始菜单程序文件夹”两个复选框后，单击“下一步”按钮完成设置，如图 2-7 所示。

（8）安装前的准备设置完成后，在“已准备好执行请求的操作”对话框中单击“继续”按钮继续安装操作，执行正式安装操作，如图 2-8 所示。

（9）单击图 2-8 中的“继续”按钮后正式开始安装，如图 2-9 所示。

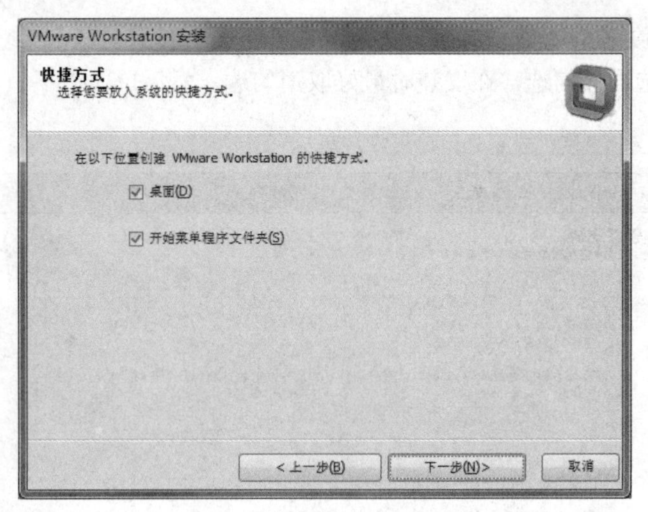
VMware Workstation 安装
快捷方式
选择您要放入系统的快捷方式。
在以下位置创建 VMware Workstation 的快捷方式。
桌面(D)
开始菜单程序文件夹(S)
< 上一步(B)
下一步(N) >
取消

图 2-7

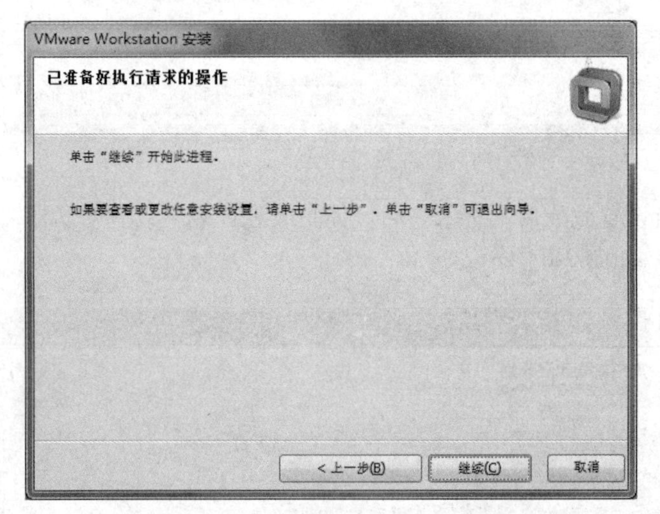
VMware Workstation 安装
已准备好执行请求的操作
单击“继续”开始此进程。
如果要查看或更改任意安装设置，请单击“上一步”。单击“取消”可退出向导。
< 上一步(B)
继续(C)
取消

图 2-8

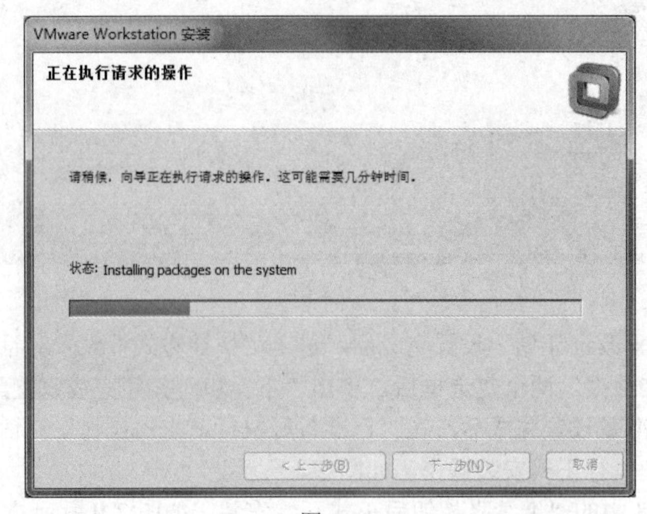
VMware Workstation 安装
正在执行请求的操作
请稍候，向导正在执行请求的操作。这可能需要几分钟时间。
状态: Installing packages on the system
< 上一步(B)
下一步(N) >
取消

图 2-9

（10）待安装完成后，进入“输入许可证密钥”对话框，要求输入许可证密钥，如图 2-10 所示。

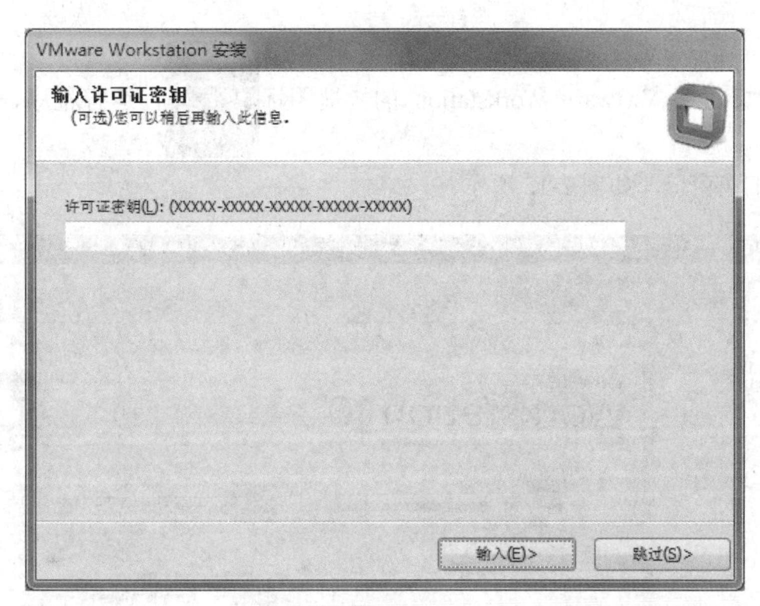

图 2-10

（11）在“许可证密钥”文本框内输入软件提供方所给的许可证密钥，再单击“输入”按钮，结果如图 2-11 所示。

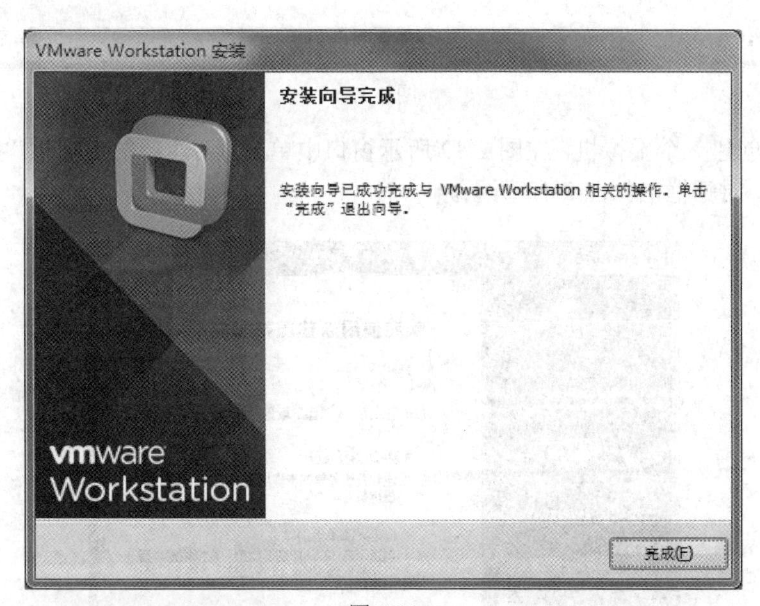

图 2-11

（12）单击图 2-11 中的“完成”按钮，安装成功。安装成功后在桌面出现了安装后的快捷方式图标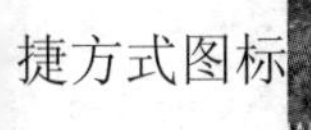。

2.2 Ubuntu 14.04 安装及配置

（1）双击桌面上 VMware Workstation 的快捷图标，运行程序，打开 VMware Workstation 的工作窗口，如图 2-12 所示。

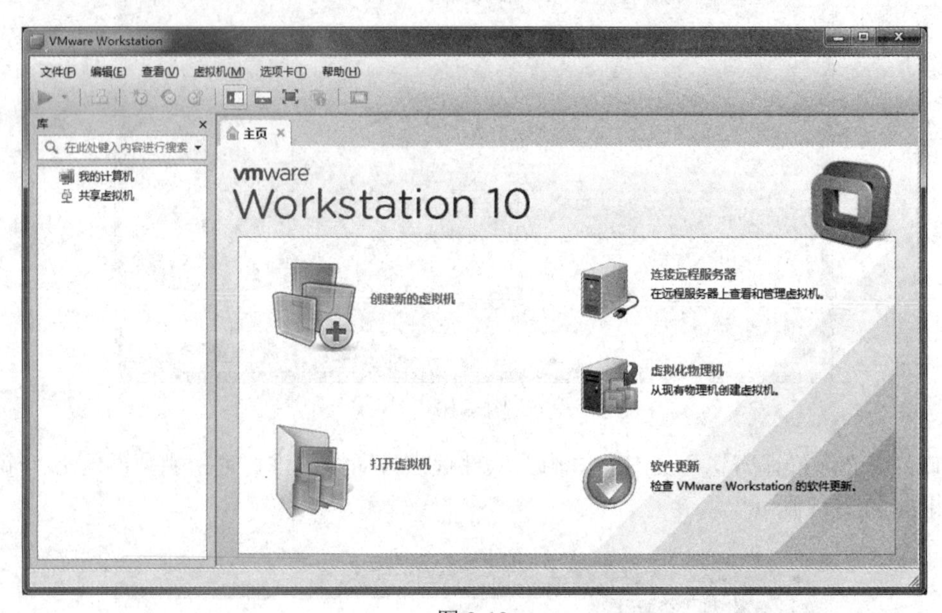

图 2-12

（2）现在创建一个虚拟机，在图 2-12 所示窗口中单击“创建新的虚拟机”按钮，进入“新建虚拟机向导”对话框，如图 2-13 所示。

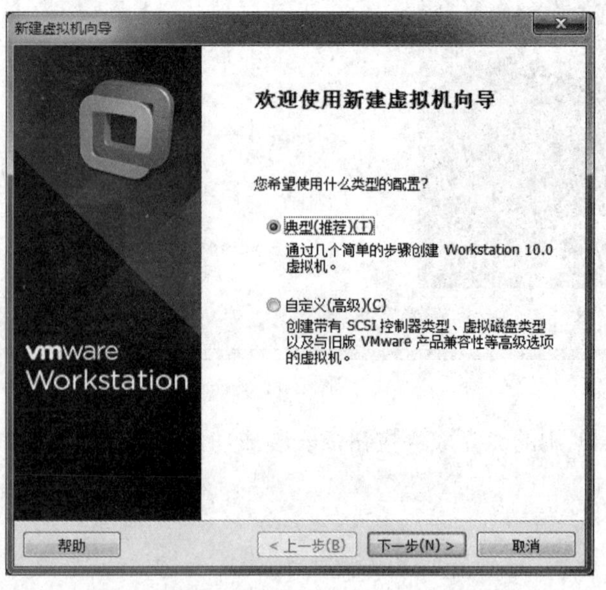

图 2-13

（3）一般采用典型配置的虚拟机，因此在图 2-13 中直接单击“下一步”按钮，进入“安装客户机操作系统”对话框，如图 2-14 所示。

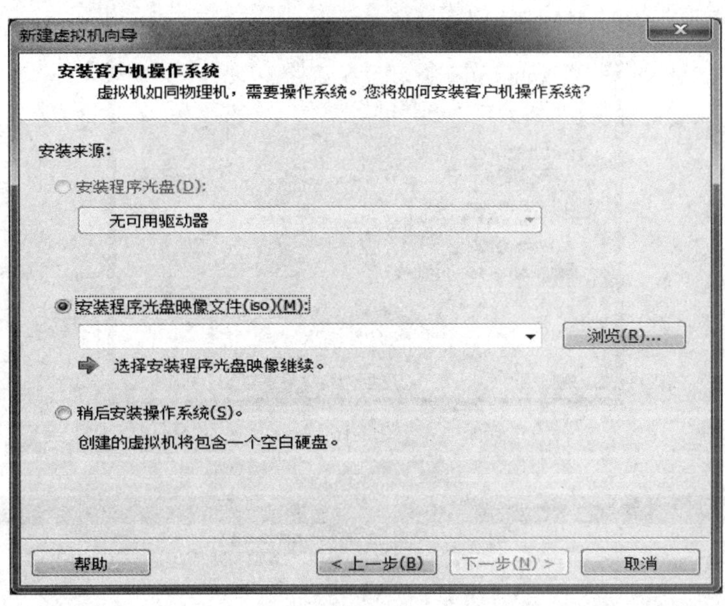

图 2-14

（4）在此，操作系统安装来源采用光盘映像文件安装，因此，单击图 2-14 中的“浏览”按钮，找到映像文件 ubuntu-14.04.4-desktop-i386.iso 所在的位置，如图 2-15 所示。然后单击“打开”按钮，运行结果如图 2-16 所示。

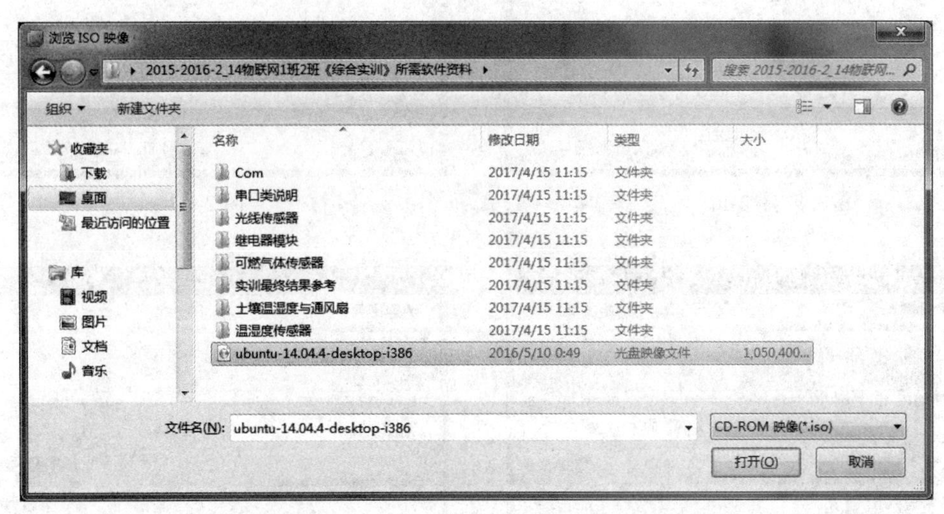

图 2-15

（5）单击图 2-16“安装客户机操作系统”对话框中的“下一步”按钮，进入如图 2-17 所示的“简易安装信息”对话框，根据实际情况填写相应信息，如图 2-18 所示。

（6）填写好用户信息后单击“下一步”按钮，进入“命名虚拟机”设置对话框，如图 2-19 所示，为虚拟机拟定一个名称，作为在虚拟软件中的标识，一般根据虚拟机的系统再加上用途或者编号来命名，如图 2-20 所示。

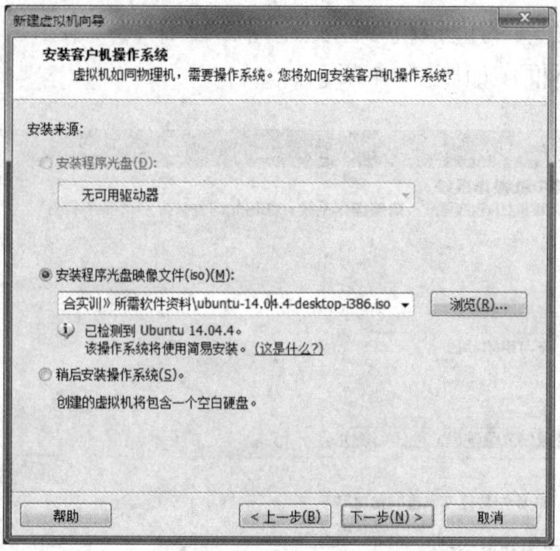

图 2-16

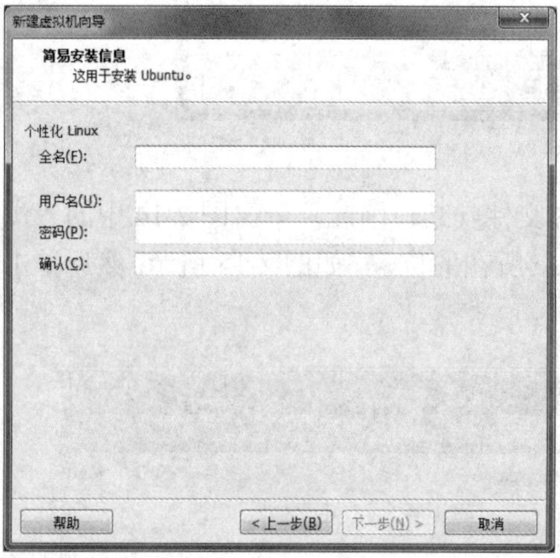

图 2-17

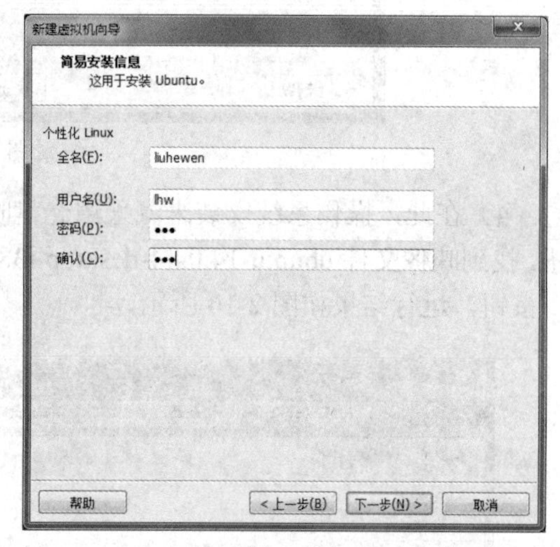

图 2-18

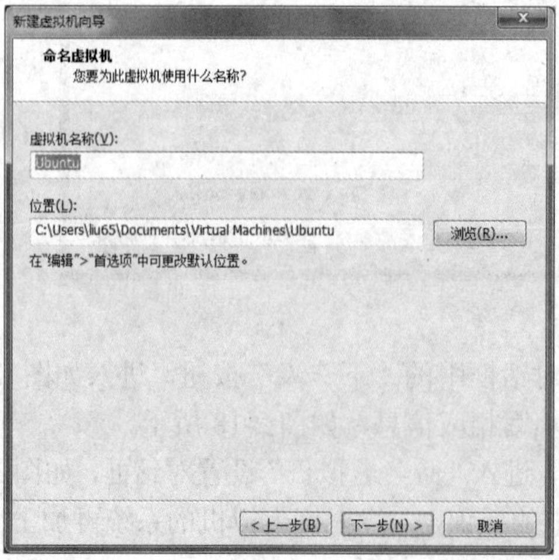

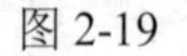

图 2-19

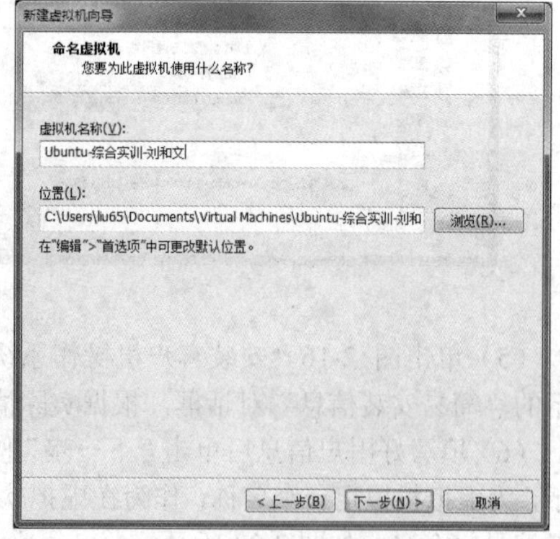

图 2-20

（7）设置虚拟机名称和位置后，单击“下一步”按钮，进入“指定磁盘容量”设置对话框，如图 2-21 所示。设置好虚拟机最大磁盘容量后，单击“下一步”按钮，进入“已准备好创建虚拟机”对话框，单击“完成”按钮，如图 2-22 所示，设置相应项后虚拟机创建完成。

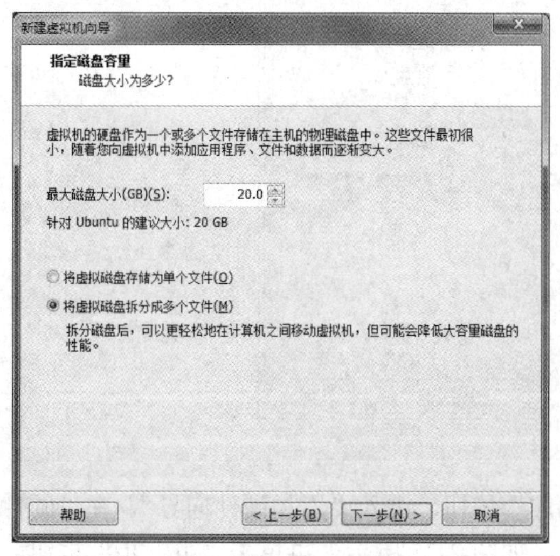

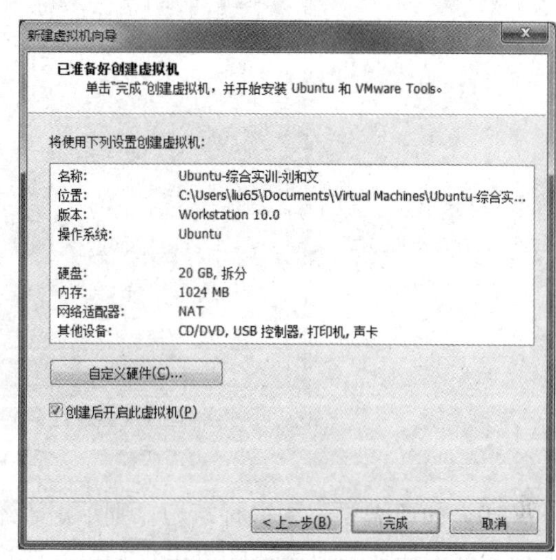

图 2-21　　　　2-22

（8）取消图 2-22 中“创建后开启此虚拟机”复选框的勾选，然后单击“自定义硬件”按钮，进入“虚拟机设置”对话框，即可根据需要添加或者移除硬件，如图 2-23 所示。

图 2-23

（9）如不需要“软盘”“打印机”以及第一个光驱项，选中后单击“移除”按钮，结果如图 2-24 所示。

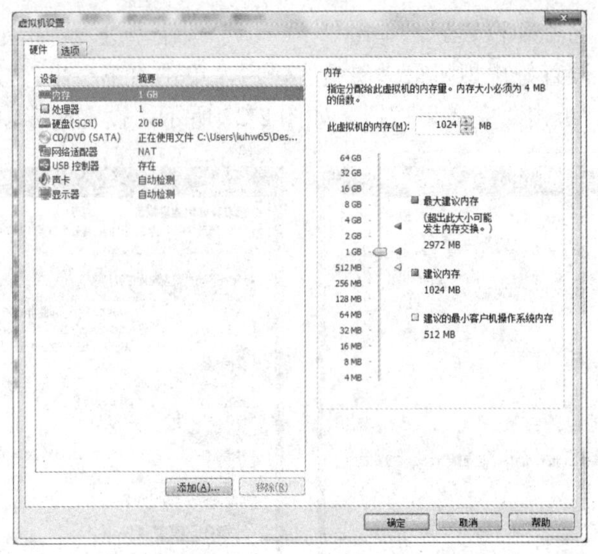

图 2-24

（10）如还需要添加串行端口，则单击“添加”按钮，进入“添加硬件向导”，在“硬件类型”列表框中选择需要添加的“串行端口”选项，如图 2-25 所示，再单击“下一步”按钮，进入“串行端口类型”设置对话框，选择“使用主机上的物理串行端口”单选按钮，如图 2-26 所示。

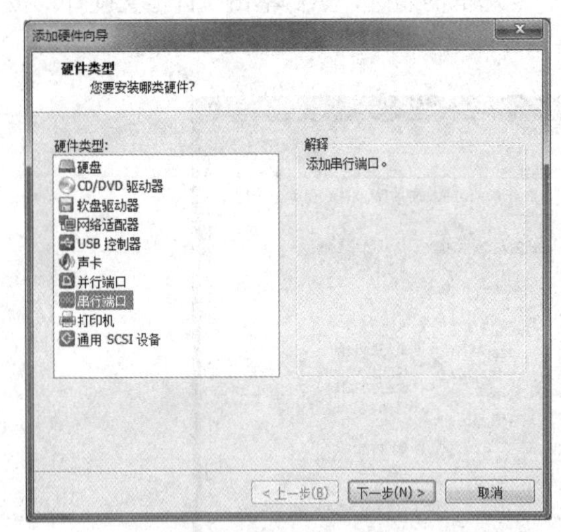

图 2-25

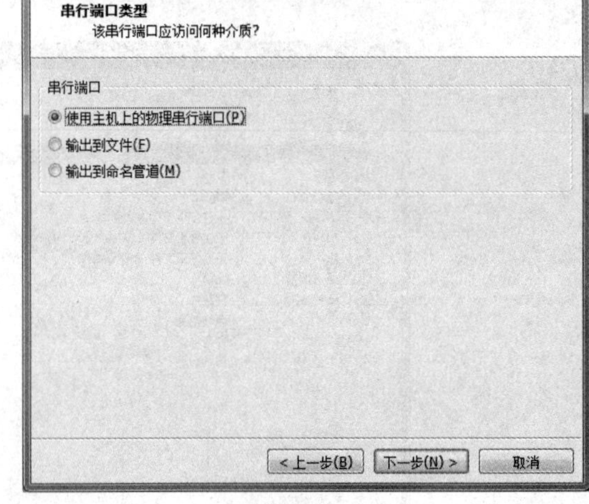

图 2-26

（11）选择串行端口类型后，单击“下一步”按钮，进入“选择物理串行端口”对话框，选择“物理串行端口”下拉列表框中的“自动检测”选项并勾选“启动时连接”复选框，如图 2-27 所示。单击“完成”按钮，串口添加成功，如图 2-28 所示。

（12）设置虚拟机网络通信，选择图 2-29 所示“设备”列表框中的“网络适配器”选项。如果要直接连接到物理网络，使其对外可见，手动配置静态 IP 地址，则选择“桥接模式：直接连接物理网络”单选按钮；如果要共享主机的 IP 地址，对外不可见，则选择“NAT 模式：用于共享主机的 IP 地址”单选按钮。本例使用桥接模式，如图 2-29 所示。网络适配器设置完成后，单击“关闭”按钮，则完成硬件配置，返回“新建虚拟机向导”对话框，接着单击“完成”按钮，则新的虚拟机创建成功，如图 2-30 所示。

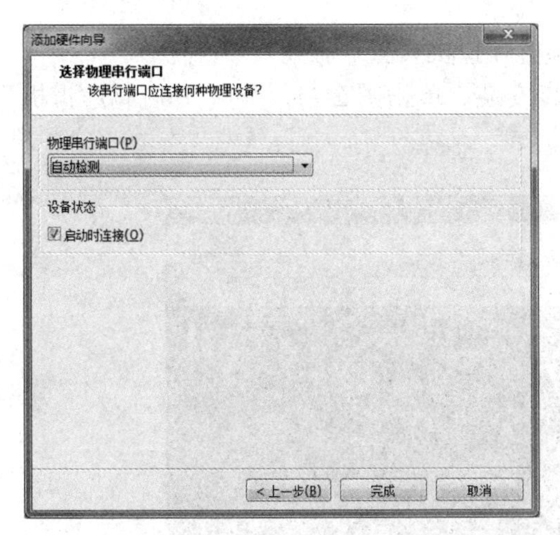

图 2-27

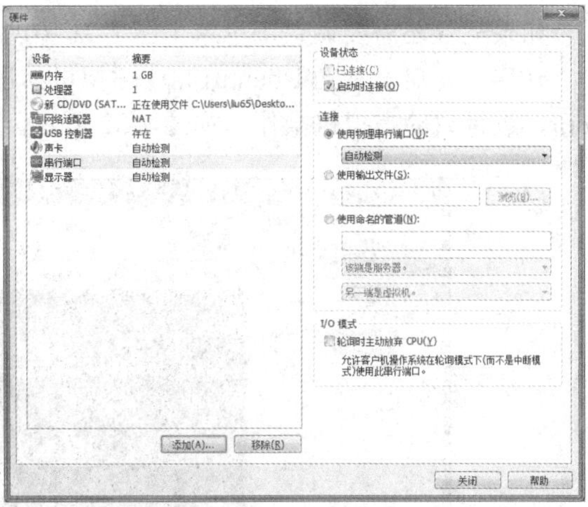

图 2-28

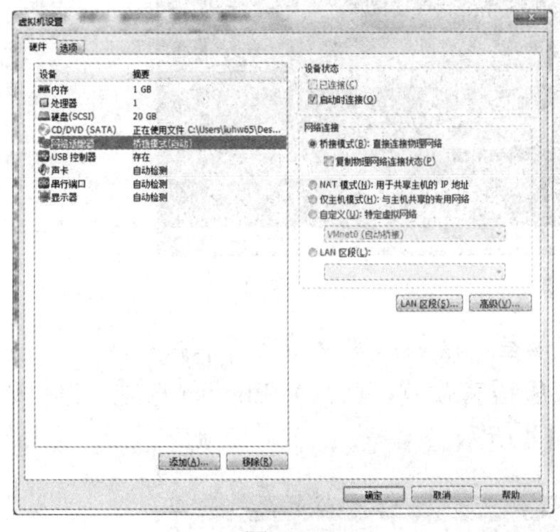

图 2-29

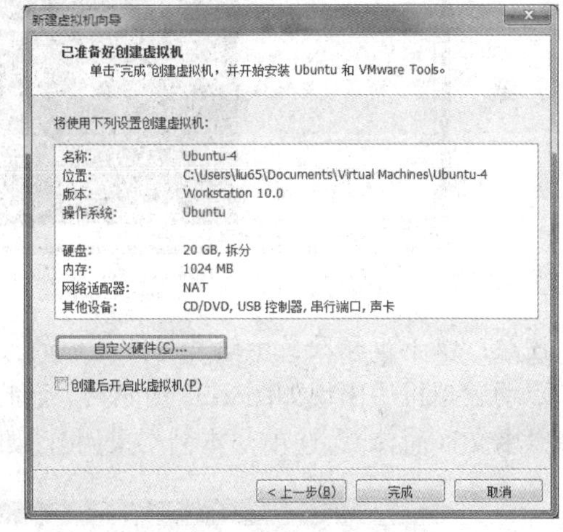

图 2-30

（13）新建虚拟机创建好之后，进入虚拟机工作窗口，如图 2-31 所示。

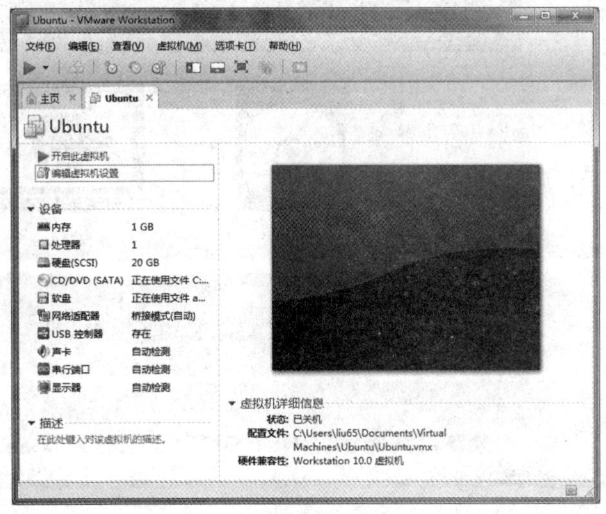

图 2-31

如果配置还需要调整，可单击图 2-31 中的“编辑虚拟机设置”按钮。

（14）开启安装的 Ubuntu14.04 虚拟机，进一步安装。单击图 2-31 中的“开启此虚拟机”按钮，进行启动虚拟机操作，如图 2-32 所示。

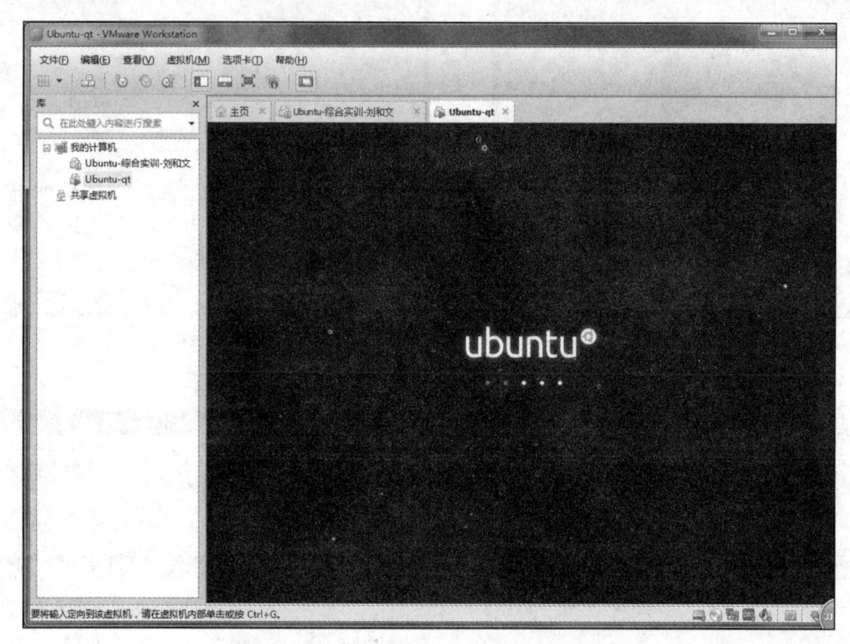

图 2-32

注意：以下步骤及显示结果可能与你的实际有偏差，请按照实际情况参照执行。

启动虚拟机后出现如图 2-33 所示时，选择虚拟机语言设置，默认为 English 选项，也可以选择“中文（简体）”选项（本例不采用），如图 2-34 所示。

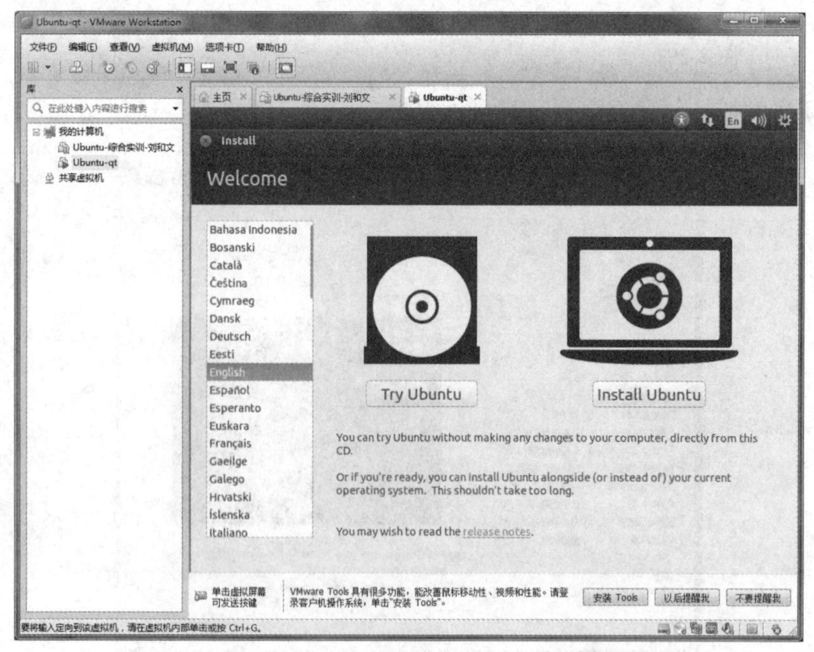

图 2-33

图 2-34

（15）单击 Install Ubuntu 按钮，进入安装 Ubuntu 窗口，如图 2-35 所示。如果有需要，则勾选所有复选框，然后单击 Continue 按钮，运行结果如图 2-36 所示。根据情况，进行选择。本次为第一次为虚拟机安装系统，所以选择默认设置，直接单击 Install Now（现在安装）按钮，进入“将改动写入磁盘吗？”设置对话框，英中文界面如图 2-37 所示。

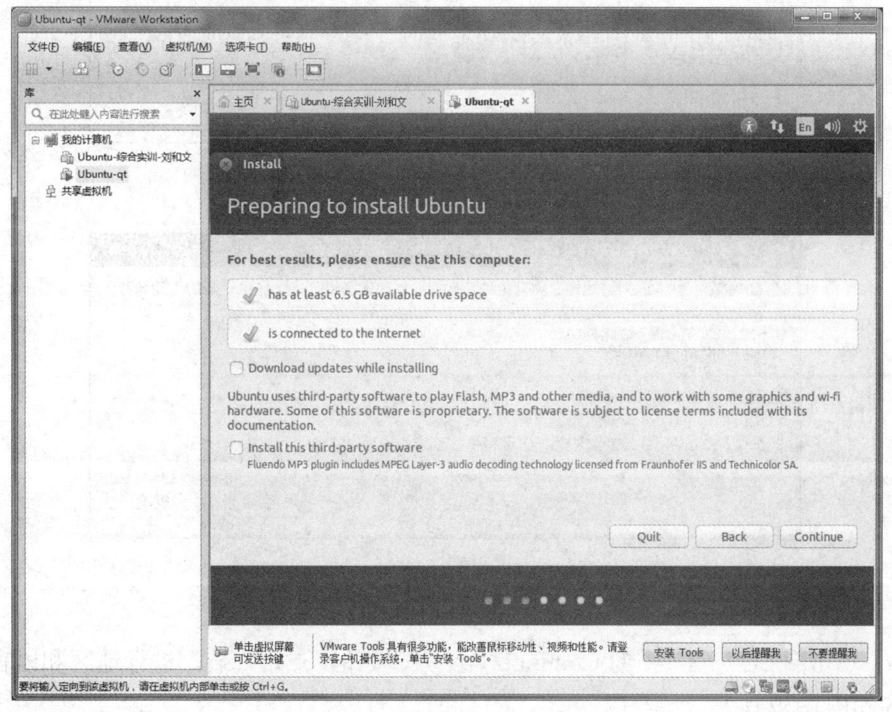

图 2-35

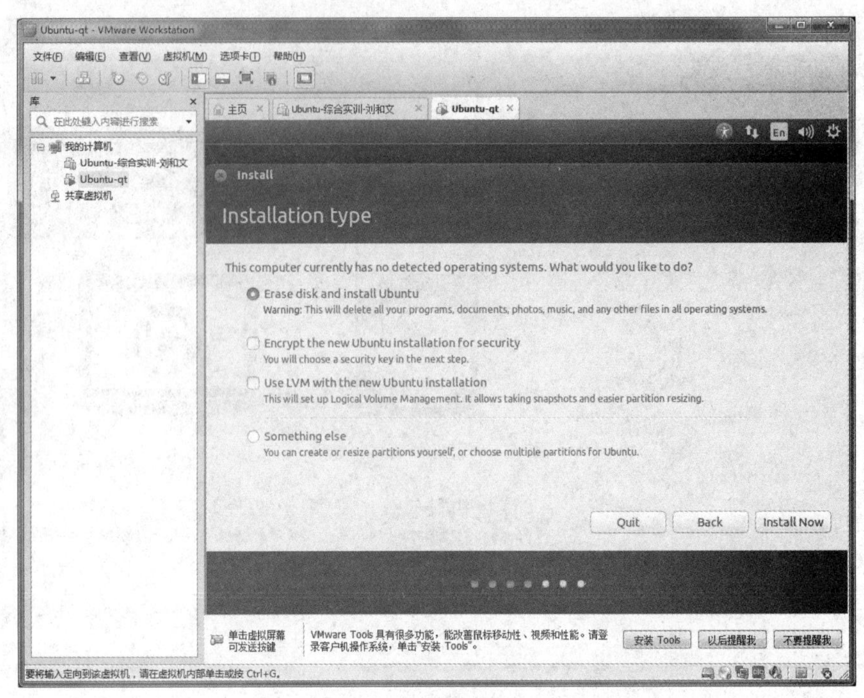

图 2-36

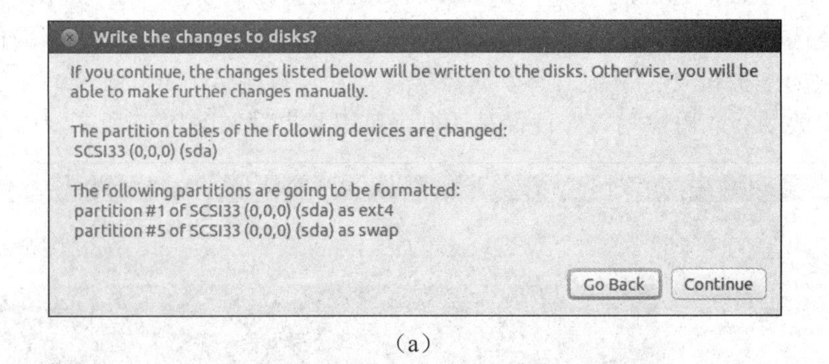

（a）

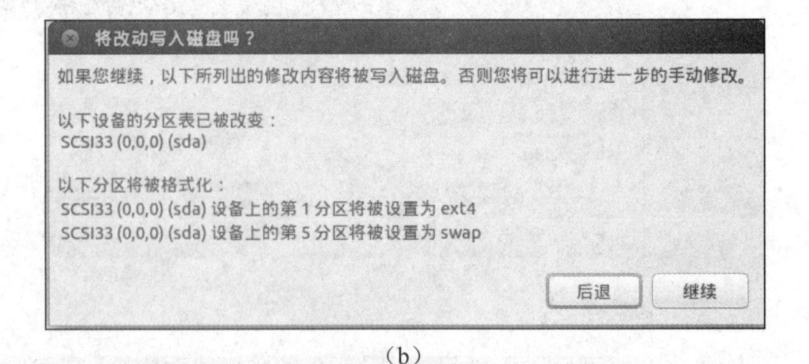

（b）

图 2-37

（16）单击图 2-37（a）中的 Continue（继续）按钮，开始安装，进行地区和语言的设置，如图 2-38 和图 2-39 所示。

注意：后续安装会出现很多对话框，根据情况作出选择。

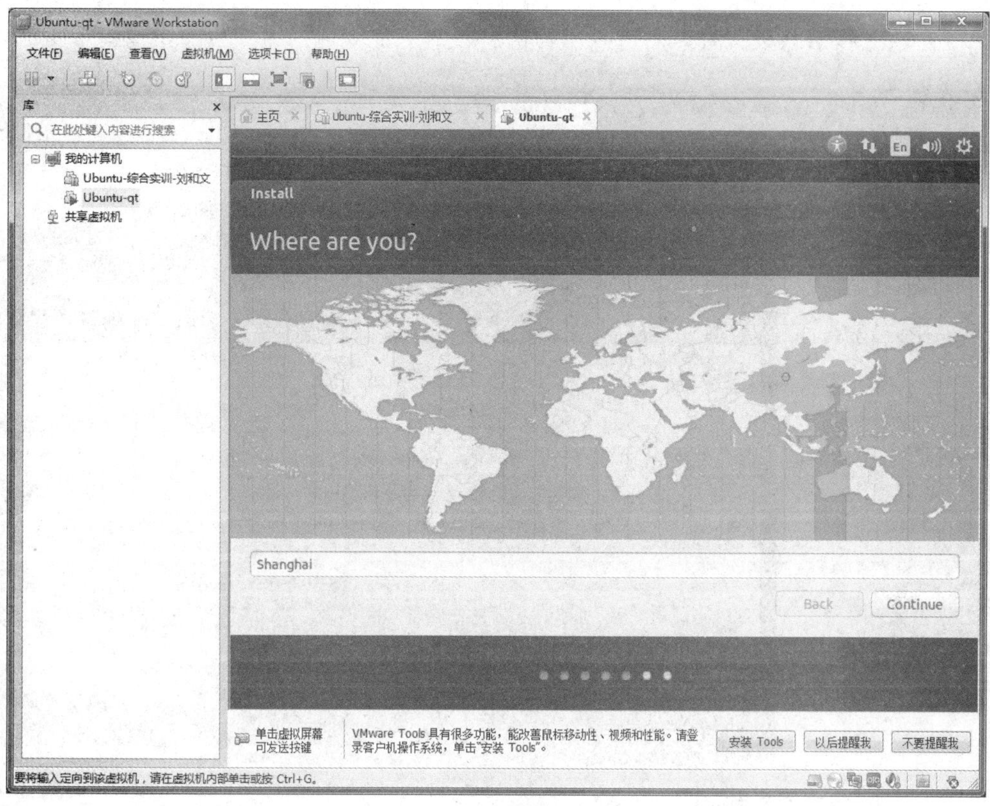
Ubuntu-qt - VMware Workstation
文件(F) 编辑(E) 查看(V) 虚拟机(M) 选项卡(T) 帮助(H)
库
在此处键入内容进行搜索
我的计算机
Ubuntu-综合实训-刘和文
Ubuntu-qt
共享虚拟机
主页
Ubuntu-综合实训-刘和文
Ubuntu-qt
En
Install
Where are you?
Shanghai
Back
Continue
单击虚拟屏幕
可发送按键
VMware Tools 具有很多功能，能改善鼠标移动性、视频和性能。请登录客户机操作系统，单击"安装 Tools"。
安装 Tools
以后提醒我
不要提醒我
要将输入定向到该虚拟机，请在虚拟机内部单击或按 Ctrl+G。

图 2-38

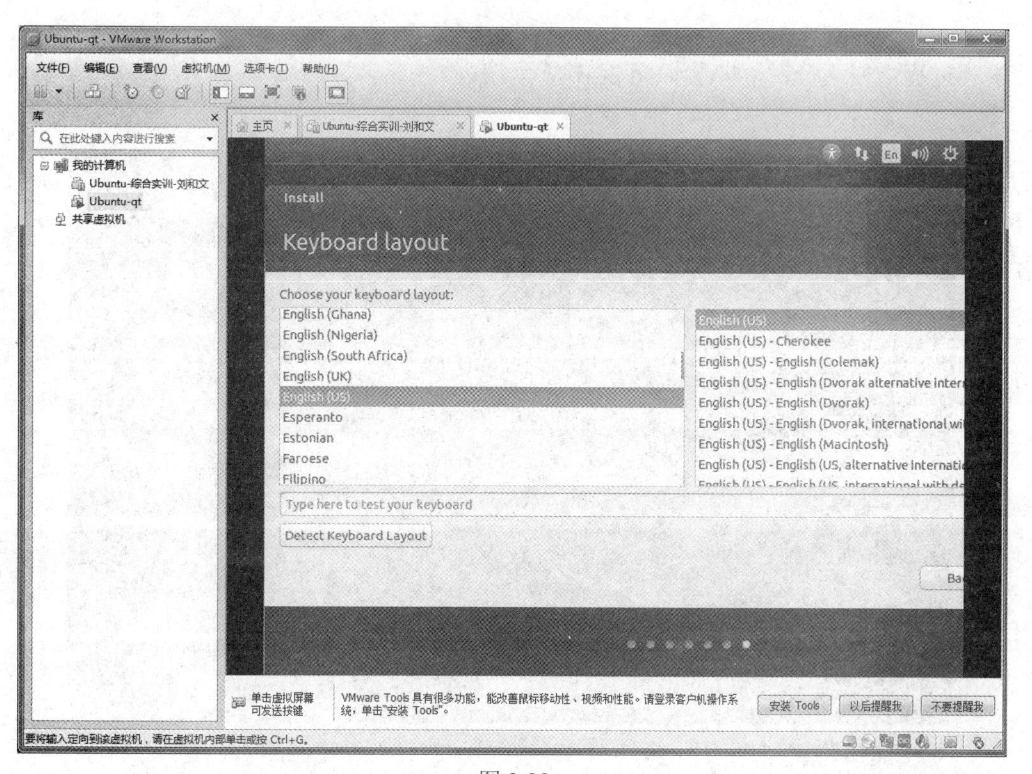
Ubuntu-qt - VMware Workstation
文件(F) 编辑(E) 查看(V) 虚拟机(M) 选项卡(T) 帮助(H)
库
在此处键入内容进行搜索
我的计算机
Ubuntu-综合实训-刘和文
Ubuntu-qt
共享虚拟机
主页
Ubuntu-综合实训-刘和文
Ubuntu-qt
En
Install
Keyboard layout
Choose your keyboard layout:
English (Ghana)
English (Nigeria)
English (South Africa)
English (UK)
English (US)
Esperanto
Estonian
Faroese
Filipino
English (US)
English (US) - Cherokee
English (US) - English (Colemak)
English (US) - English (Dvorak)
English (US) - English (Macintosh)
Type here to test your keyboard
Detect Keyboard Layout
单击虚拟屏幕
可发送按键
VMware Tools 具有很多功能，能改善鼠标移动性、视频和性能。请登录客户机操作系统，单击"安装 Tools"。
安装 Tools
以后提醒我
不要提醒我
要将输入定向到该虚拟机，请在虚拟机内部单击或按 Ctrl+G。

图 2-39

（17）地区和语言设置好以后进入用户信息设置界面，输入用户信息，如图 2-40 所示。

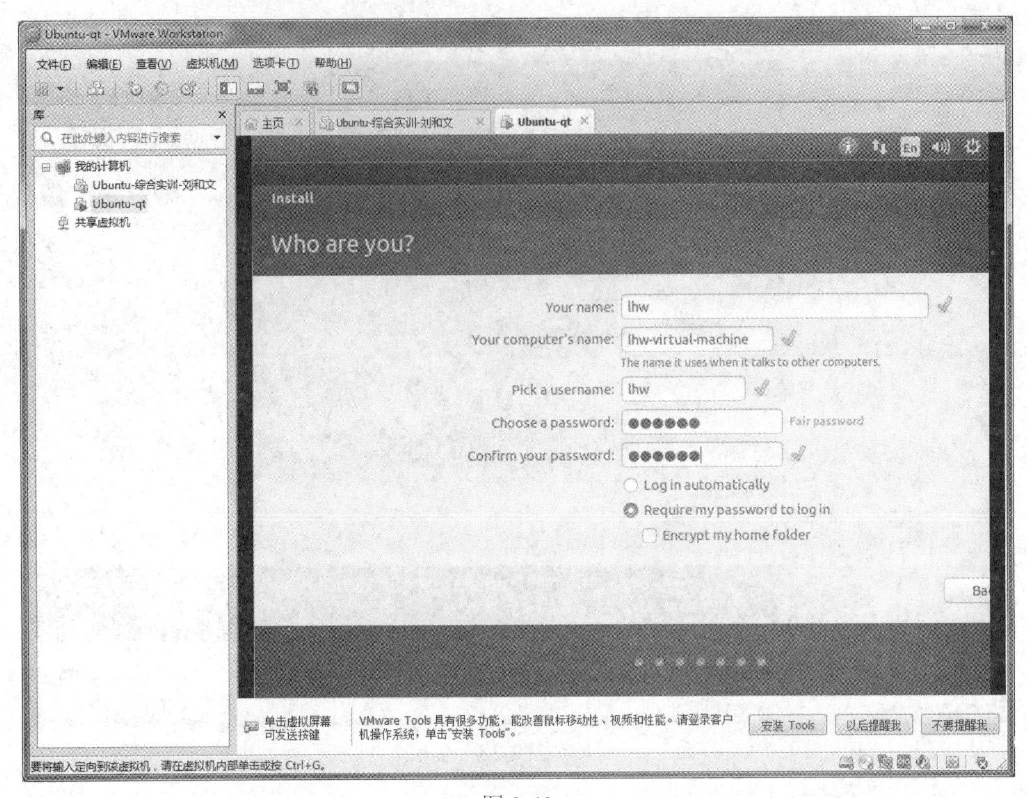

图 2-40

安装过程需要几分钟，安装如图 2-41 所示。

图 2-41

（18）如进入如图 2-42 所示界面（（a）（b）分别对应英中文），表示安装完成。

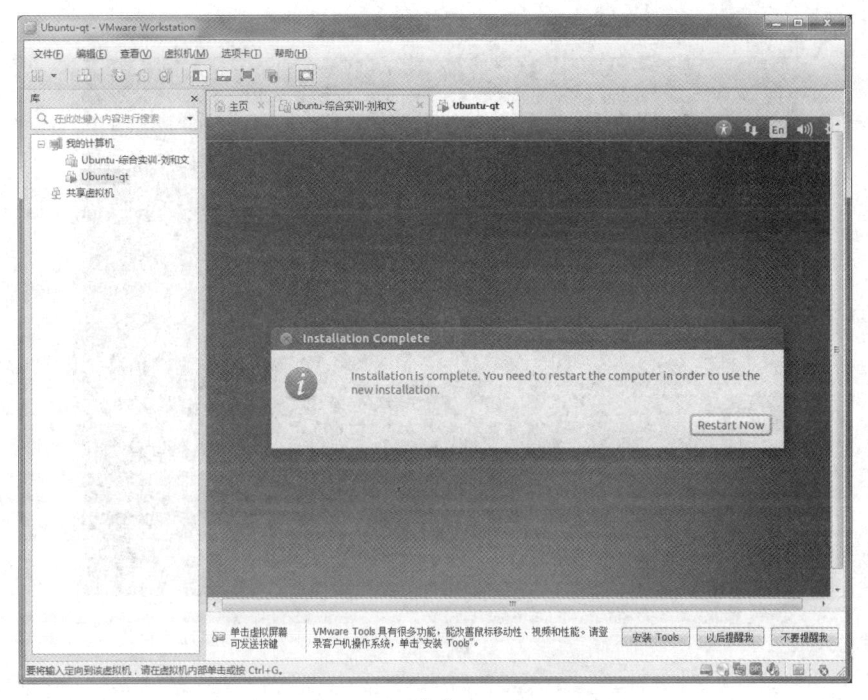

（a）

（b）

图 2-42

（19）单击图 2-42（a）中的 Restart Now（现在重启）按钮，重启后如图 2-43 所示，再按回车键后进入用户口令输入界面，如图 2-44 所示。

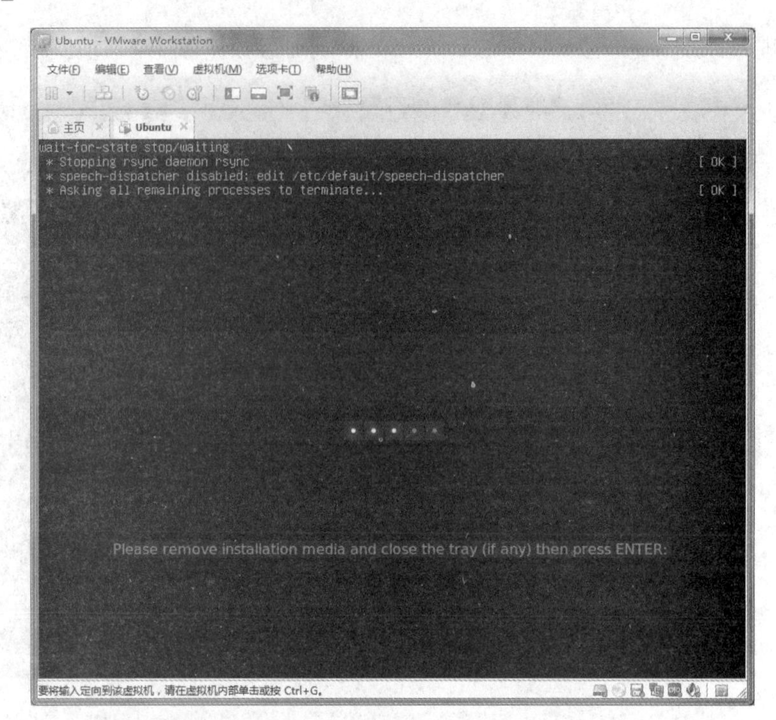

图 2-43

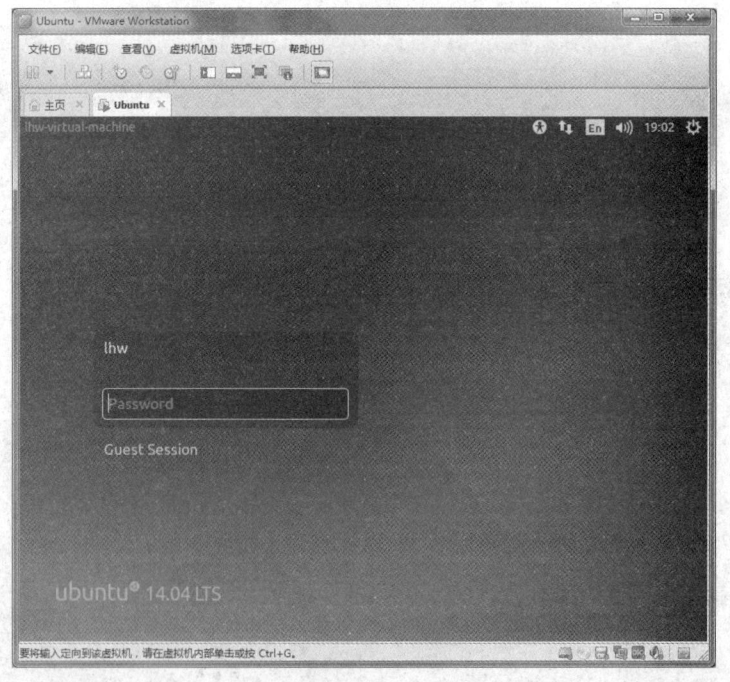

图 2-44

（20）输入安装时所设置的密码后进入系统，进入系统后如图 2-45 所示。

注意：小键盘应为数字键（系统每次启动后都必须按一次小键盘上的数字键）。

图 2-45 所示界面如果要更新，则单击 Yes, Upgrade Now 按钮；本例不更新，则单击 Ask Me Later 按钮。

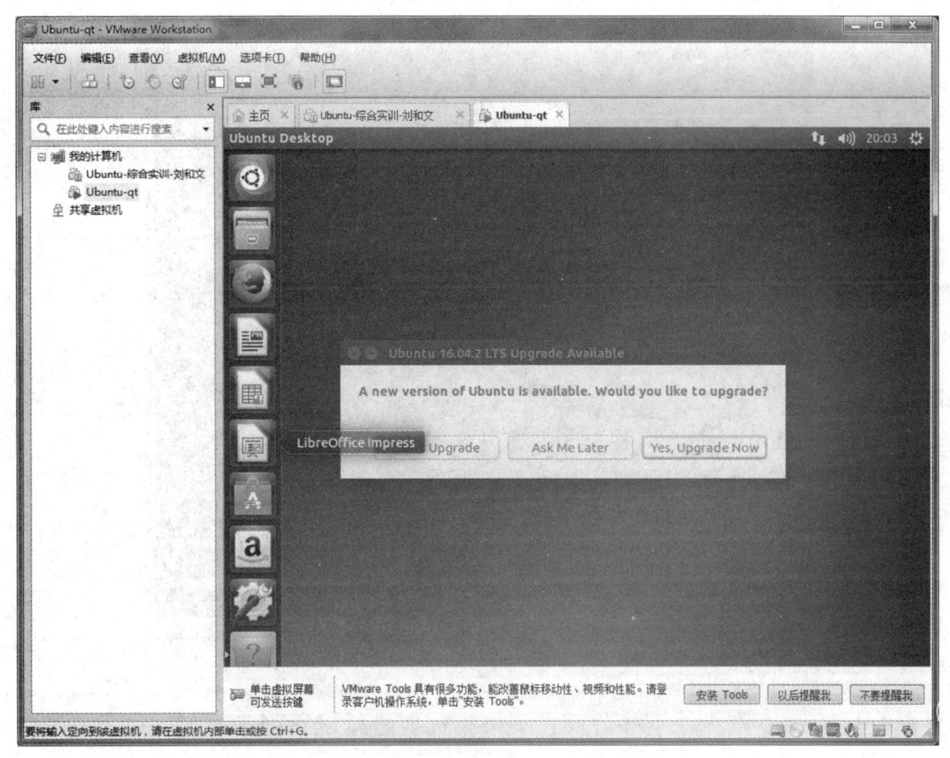

图 2-45

（21）配置网络。

按 Ctrl+Alt+T 组合键，进入命令终端，如图 2-46 所示。

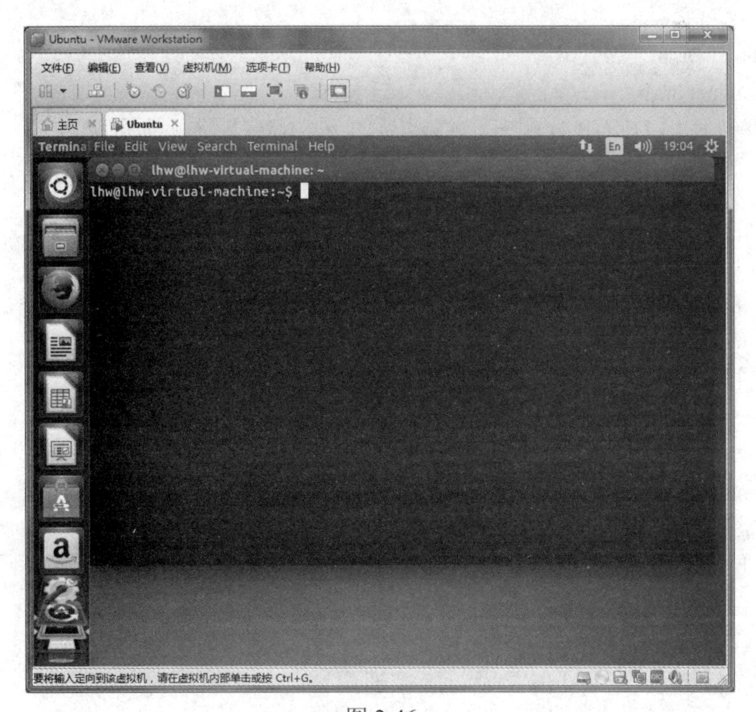

图 2-46

在命令终端使用 ifconfig 查看网络配置情况，如图 2-47 所示。

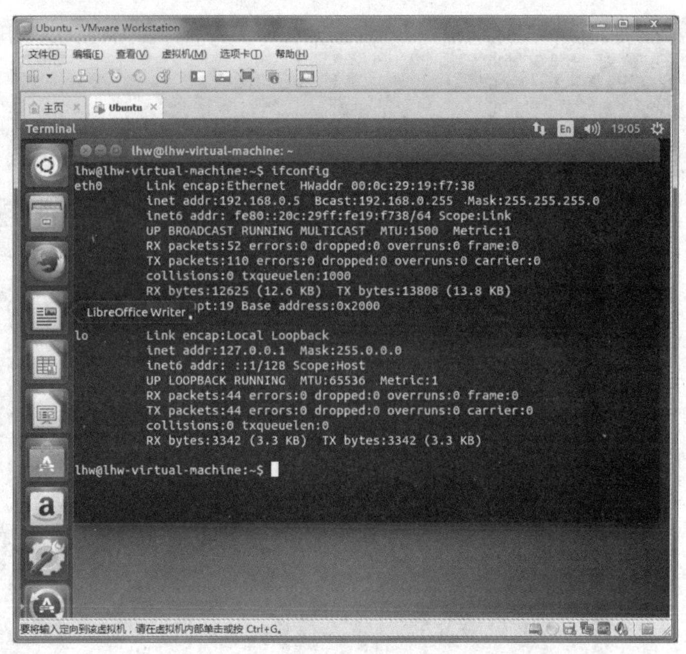

图 2-47

如果没有显示 eth0 则无法连接外网，需根据需要进行以下静态配置：

1）配置静态 IP 地址：

```
vi /etc/network/interfaces
```

原内容有如下 4 行：

```
auto lo
iface lo inet loopback
auto eth0
iface eth0 inet dhcp
```

以上表示默认使用 DHCP 分配 IP，修改为如下内容（输入 i 则可修改）：

```
auto lo
iface lo inet loopback
# The primary network interface
auto eth0
#iface eth0 inet dhcp
iface eth0 inet static
address 192.168.80.129
netmask 255.255.255.0
gateway 192.168.80.2
```

保存退出（命令为“:wq”）。

注意：只需要设置 address（IP 地址）、netmask（子网掩码）、gateway（网关）这三项即可，network 和 broadcast 这两项参数是可以不写的。

2）手动设置 DNS 服务器：

```
vi /etc/resolv.conf
```

添加如下内容（这点所有 Linux 发行版都通用）：

```
nameserver 192.168.80.2
nameserver 8.8.8.8
```

保存退出。

注意：重启 Ubuntu 后发现又不能上网了，问题出在/etc/resolv.conf。重启后，此文件配置的 DNS 又被自动修改为默认值，所以需要永久性修改 DNS。方法如下：

```
vi /etc/resolv.conf/resolv.conf.d/base
nameserver 192.168.80.2
nameserver 8.8.8.8
```

3）重启 networking 服务使其生效：

```
/etc/init.d/networking restart
```

2.3　root 登录界面

Ubuntu 默认禁止 root 用户登录，但是，后面我们所做的实验大都需要 root 权限，为了开发方便需要修改一下设置，以后就可以直接在 root 账号下操作了。

使用 root 账号登录步骤如下：

第一步：

1）打开终端窗口。

2）输入 sudo su root，回车。

3）出现`[sudo] password for lhw:`提示，输入密码，回车。

4）输入 sudo passwd，回车。

5）出现`Enter new UNIX password:`提示，为用户 root 设置密码（与上次密码应该不同，自行定义，记住）。输入密码后回车。

6）出现`Retype new UNIX password:`提示，再输入一次刚才新设置的密码，回车。

7）出现
```
passwd: password updated successfully
root@lhw-virtual-machine:/home/lhw#
```
提示，则设置成功。

第二步：

1）单击虚拟机工作窗口左部的（系统设置）按钮，如图 2-48 所示。

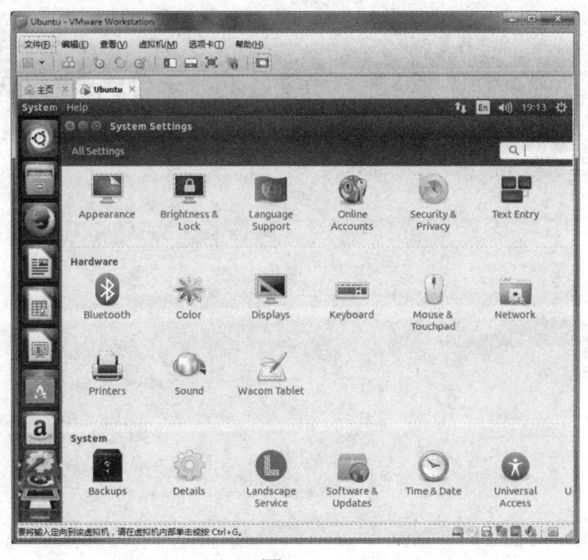

图 2-48

因为“用户账户”项目在右边界之外，因此，用鼠标往左拖动“系统设置”界面，如图2-49 所示。

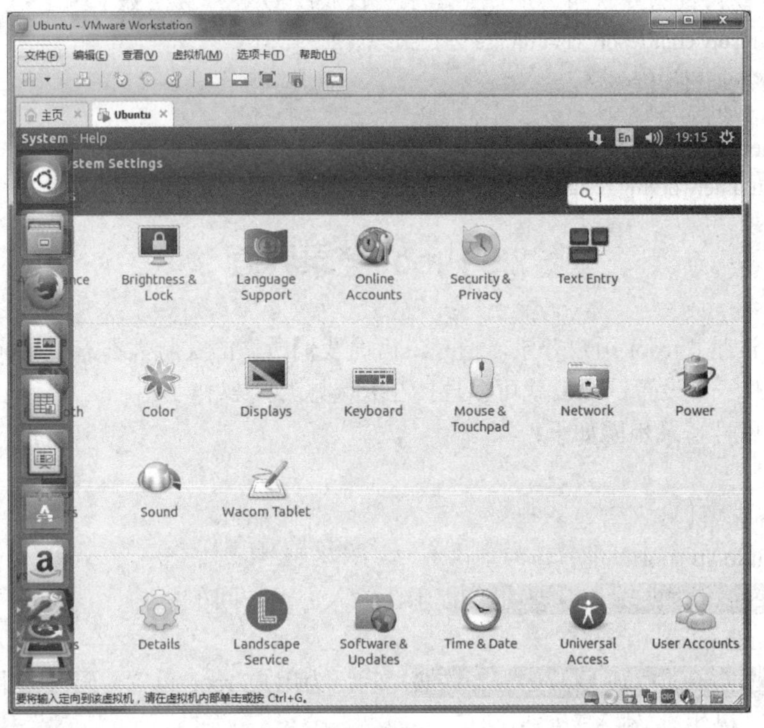

图 2-49

2）单击“系统设置”对话框中的 User Accounts（用户账户）按钮，进入如图 2-50 所示的用户设置窗口。

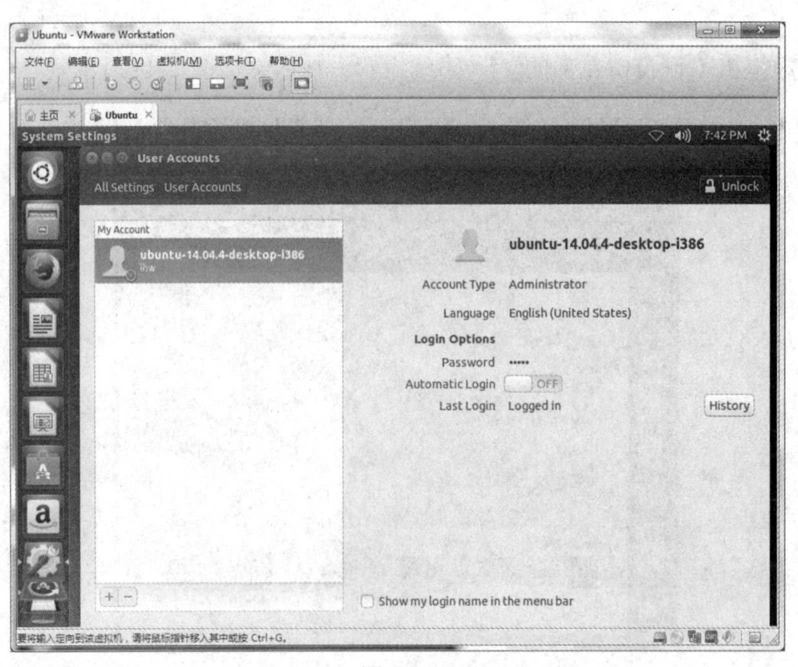

图 2-50

3）单击图 2-50 右上角的 Unlock（解锁）按钮，进入如图 2-51 所示的用户密码输入对话框。

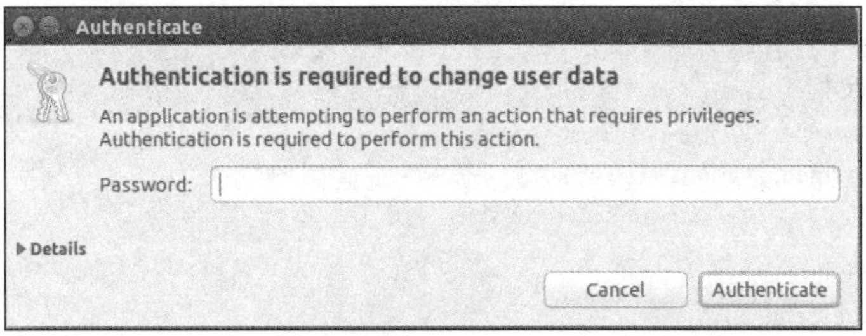

Authenticate
Authentication is required to change user data
An application is attempting to perform an action that requires privileges.
Authentication is required to perform this action.
Password:
Details
Cancel
Authenticate

图 2-51

4）在图 2-51 所示的窗口中输入 lhw 的密码，然后单击 Authenticate 按钮，开启自动登录，如图 2-52 所示。

User Accounts
lhw
Account Type
Administrator
Language
English (United States)
Login Options
Password
Automatic Login
ON
Last Login
Logged in
Show my login name in the menu bar

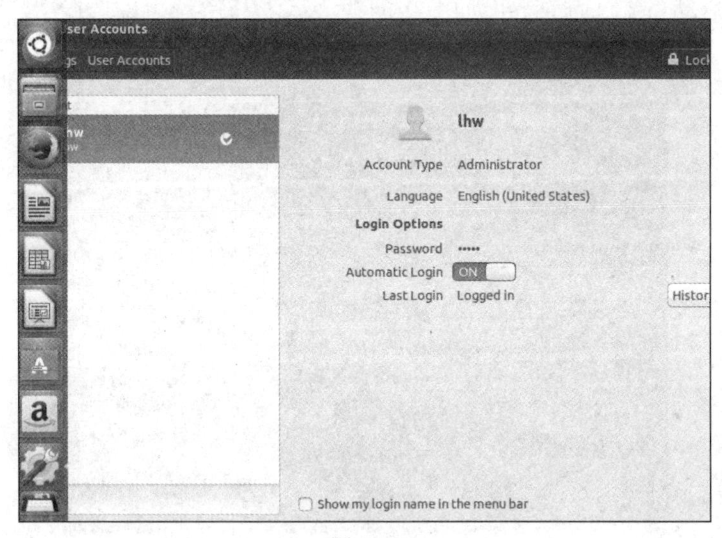

图 2-52

关闭，重新启动，系统直接以 lhw 自动登录。

第三步：

进入终端，切换为 root。

1）使用下面命令备份 lightdm.conf。

```
cp -p /etc/lightdm/lightdm.conf /etc/lightdm/lightdm.conf.bak
```

2）使用下面命令编辑 lightdm.conf。

```
gedit /etc/lightdm/lightdm.conf
```

执行结果如图 2-53 所示。

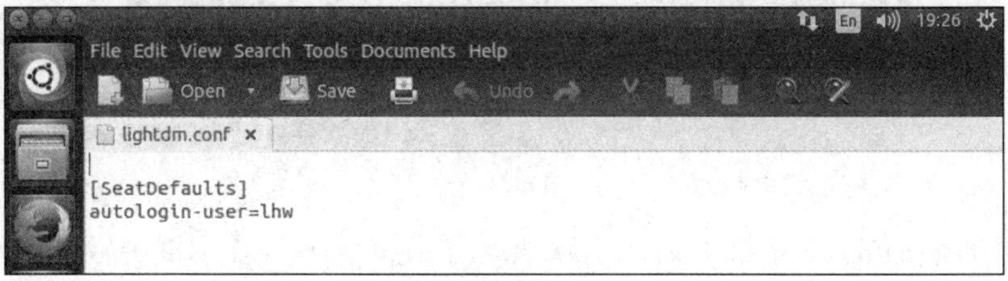

19:26
File Edit View Search Tools Documents Help
Open
Save
Undo
lightdm.conf
[SeatDefaults]
autologin-user=lhw

图 2-53

3）在 lightdm.conf 中将自动登录的用户去掉，并在最后加上：

```
greeter-show-manual-login=true
```

修改后为（参考）：

```
[SeatDefaults]
autologin-user=
greeter-show-manual-login=true
```

或者

```
[SeatDefaults]
autologin-guest=false
autologin-user=
autologin-user-timeout=0
autologin-session=lightdm-autologin
greeter-show-manual-login=true
```

保存，重新启动系统，登录界面如图 2-54 所示，按下移键可以选择用户登录，如图 2-55 所示。

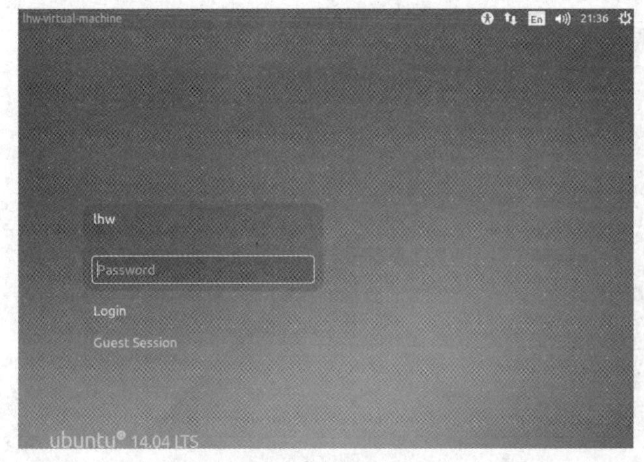

图 2-54

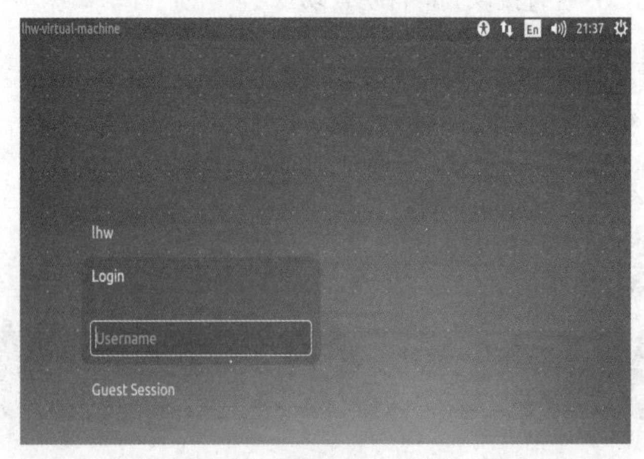

图 2-55

现在，在 Username 文本框中输入 root 账号，在“密码”文本框中输入刚刚新设的 root 用户密码即可。运行结果如图 2-56 所示。

图 2-56

单击 OK 按钮，启动系统。

提示：使用 root 操作，输入命令则不需要加 sudo。

2.4　安装 VMware Tools

现在，如果将宿主机（真实机）中的文件拖到虚拟机的桌面上，能完成复制吗？不能。所以需要安装 VM 的 Tools。

（1）开启安装。

方法 1：单击图 2-57 所示的“安装 Tools”按钮。

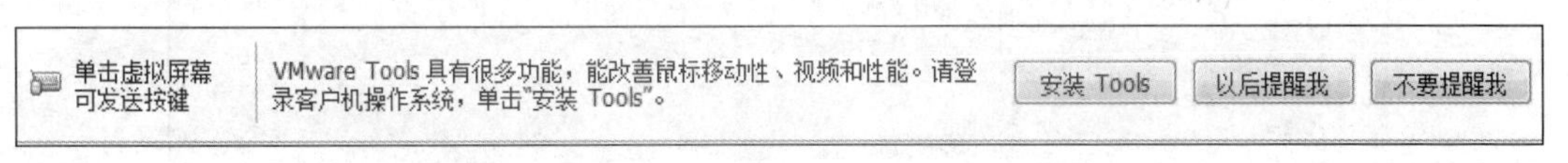

图 2-57

方法 2：选择“虚拟机”菜单中的“安装 VMware Tools”命令，如图 2-58 所示。

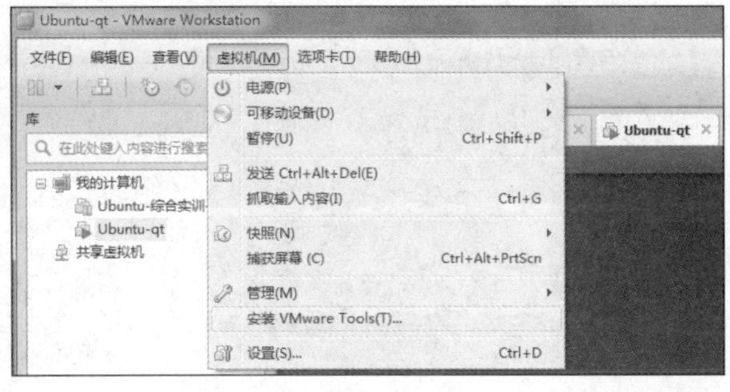

图 2-58

（2）此时桌面上出现 VMware Tools 的光驱，包含  安装包，如图 2-59 所示。

提示：如果采用简易安装，则会出现如图 2-60 所示的提示对话框。

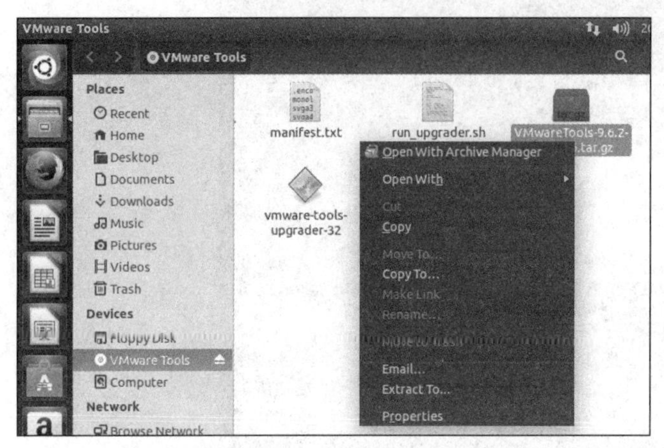

图 2-59

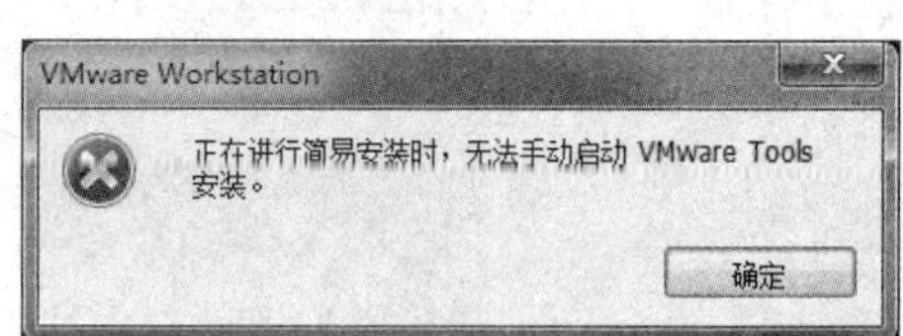

图 2-60

针对提示对话框的解决办法如下：

1）关闭虚拟机后添加一个 CD/DVD 驱动器，在“虚拟机设置”对话框的“硬件”选项卡中单击“添加”按钮，弹出如图 2-61 所示的“添加硬件向导”对话框，在“硬件类型”列表框里选择“CD/DVD 驱动器”选项，然后单击“下一步”按钮，进入“选择驱动器连接”设置对话框，选择“使用 ISO 映像”单选按钮，再单击“下一步”按钮，如图 2-62 所示。

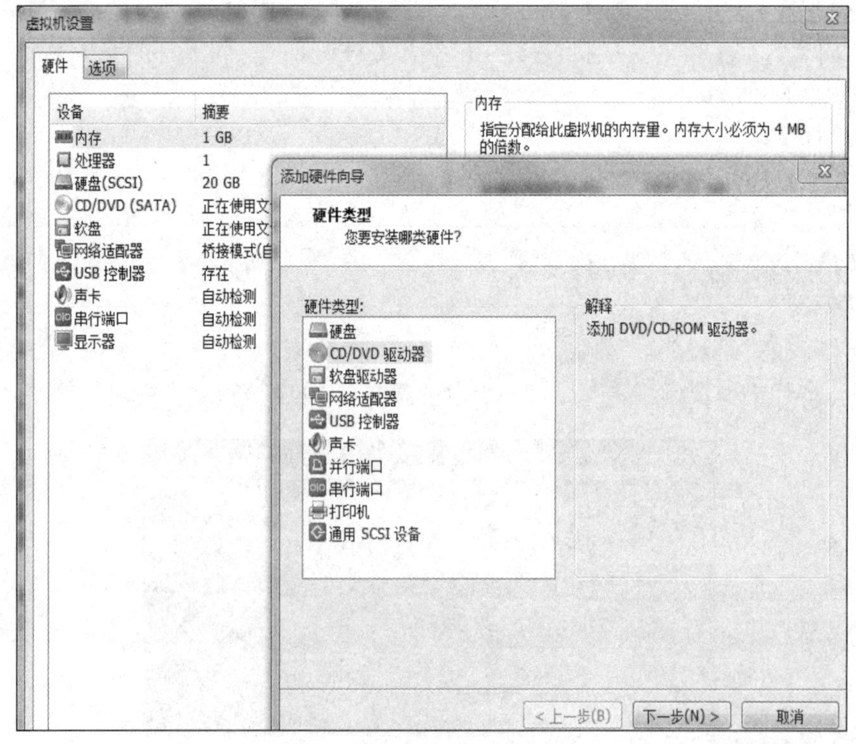

图 2-61

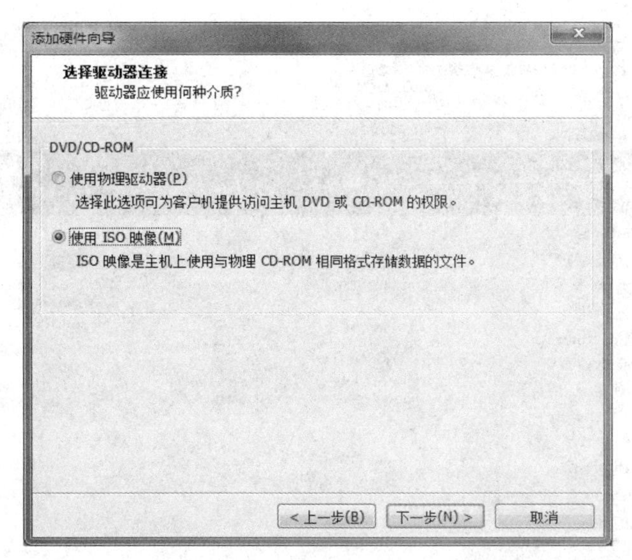

图 2-62

2）进入“选择 ISO 映像”对话框，单击“浏览”按钮找到 VMware Workstation 中的 Linux.iso 文件并打开，如图 2-63 所示。

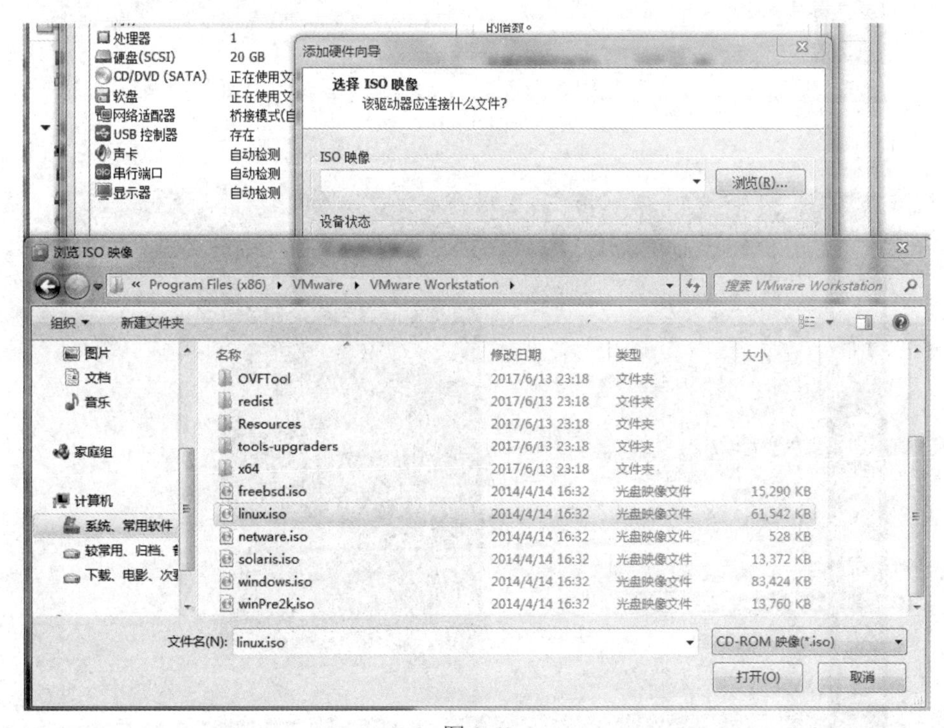

图 2-63

3）单击“完成”按钮和“确定”按钮后重新启动系统。

4）返回到虚拟机并打开 File 菜单，选择 VMware Tools 命令，如图 2-64 所示。

（3）右击图 2-64 所示的 VMwareTools-9.6.2-1688356.tar.gz 文件，在弹出的快捷菜单中选择 Extract To 命令，如图 2-65 所示。

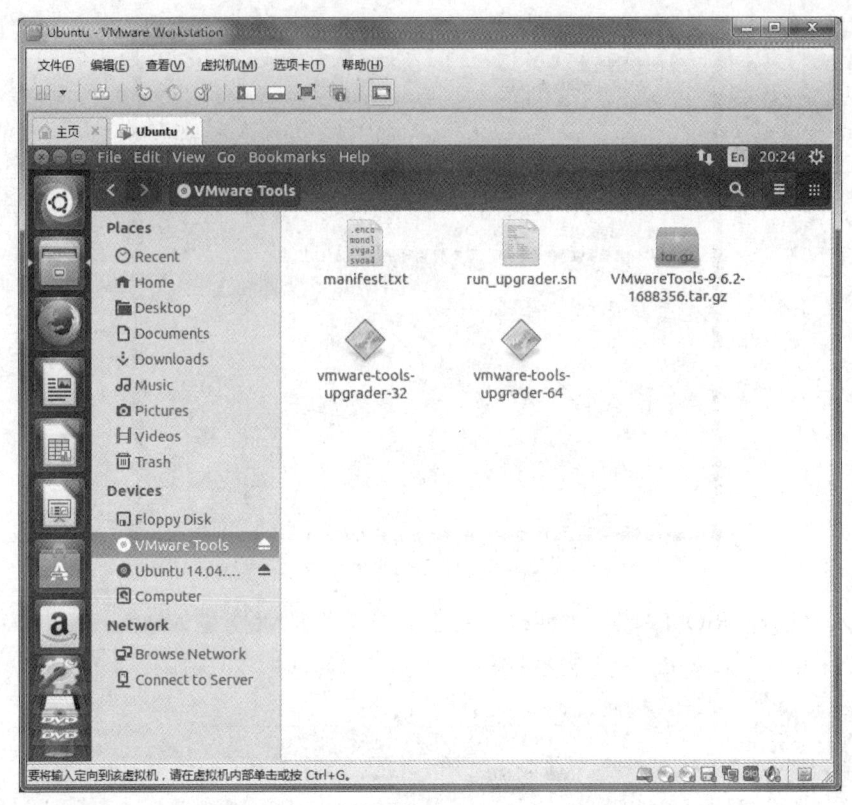

图 2-64

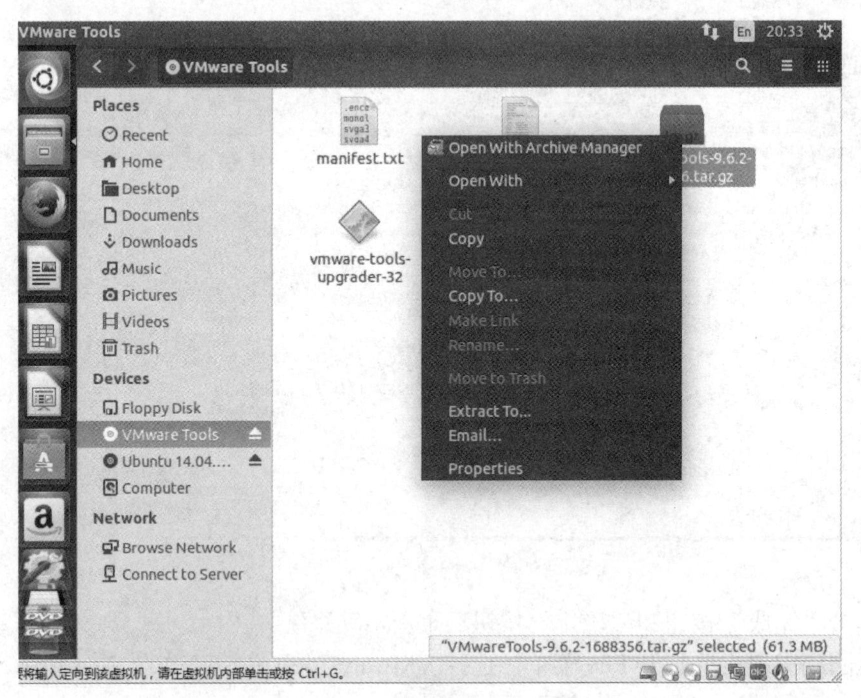

图 2-65

执行 Extract To 命令后，显示如图 2-66 所示。

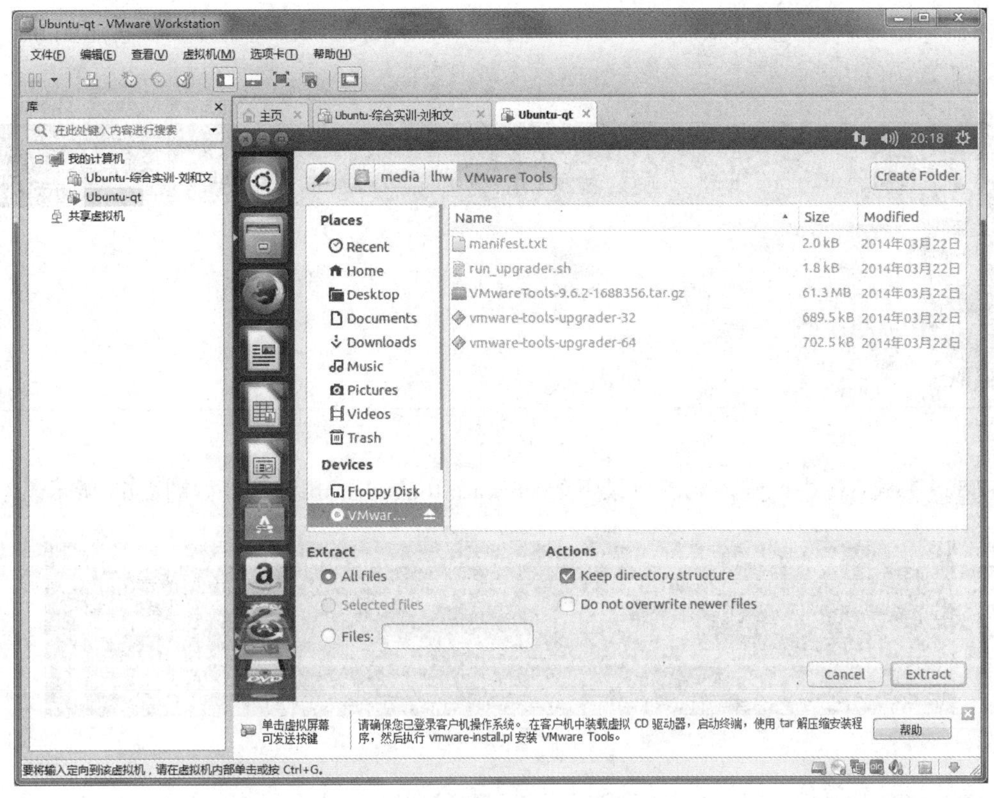

图 2-66

（4）在 Places 列表框中选择 Desktop（桌面）选项，然后单击右上角的 Create Folder 按钮创建文件夹并将其命名为 tmp，如图 2-67 所示。

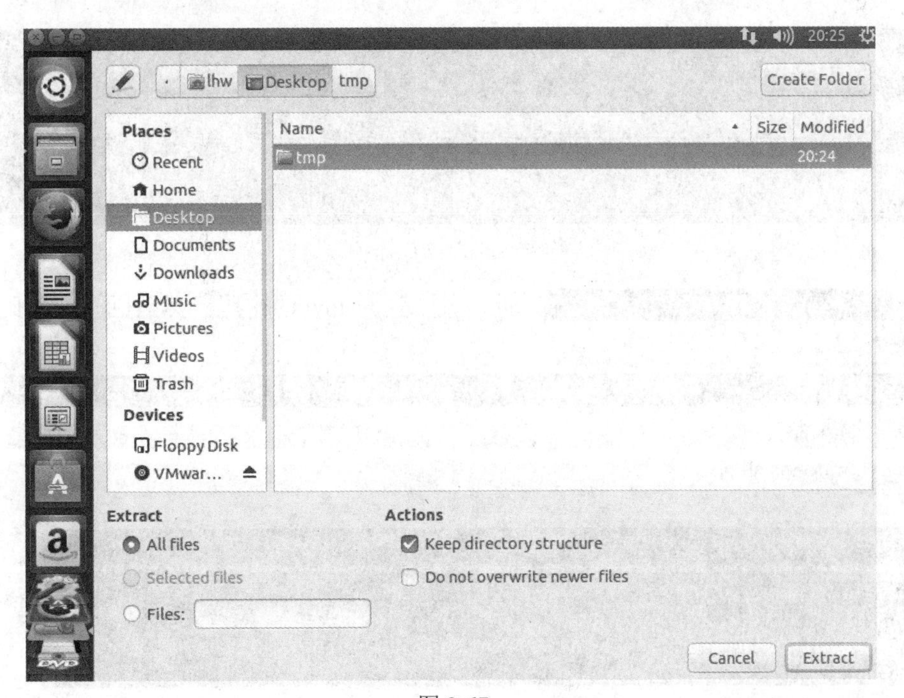

图 2-67

然后单击右下角的 Extract 按钮。此时，已经将 VMware Tools 的压缩文件解压到 tmp 文件夹下，如图 2-68 所示。

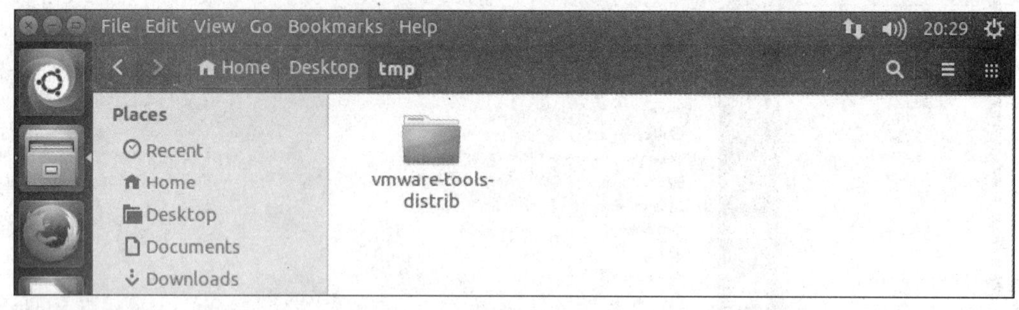

图 2-68

（5）使用终端进入到该 tmp 目录下的 vmware-tools-distrib 目录，如图 2-69 所示。

```
root@lhw-virtual-machine: ~/Desktop/tmp/vmware-tools-distrib
root@lhw-virtual-machine:~# cd Desktop
root@lhw-virtual-machine:~/Desktop# cd tmp
root@lhw-virtual-machine:~/Desktop/tmp# cd vmware-tools-distrib
root@lhw-virtual-machine:~/Desktop/tmp/vmware-tools-distrib#
```

图 2-69

（6）执行当前目录中的 vmware-install.pl，命令如下：

./vmware-install.pl

图 2-70 的信息显示说明现在的用户权限不够，则使用超级用户重新运行。输入以下命令：

sudo su root

```
lhw@lhw-virtual-machine:~/Desktop/tmp/vmware-tools-distrib$ ./vmware-install.pl
Please re-run this program as the super user.

Execution aborted.

Found VMware Tools CDROM mounted at /media/lhw/VMware Tools. Ejecting device
/dev/sr0 ...
lhw@lhw-virtual-machine:~/Desktop/tmp/vmware-tools-distrib$
```

图 2-70

系统提示`[sudo] password for lhw:`，此时输入用户 lhw 的密码，然后回车，密码正确后，提示符变为：

```
root@lhw-virtual-machine:/home/lhw/Desktop/tmp/vmware-tools-distrib#
```

此时，重新输入命令：

./vmware-install.pl

系统提示：

```
Creating a new VMware Tools installer database using the tar4 format.

Installing VMware Tools.

In which directory do you want to install the binary files?
[/usr/bin]
```

按回车键，根据提示操作（基本按照默认设置），完成后出现如图 2-71 所示的信息。

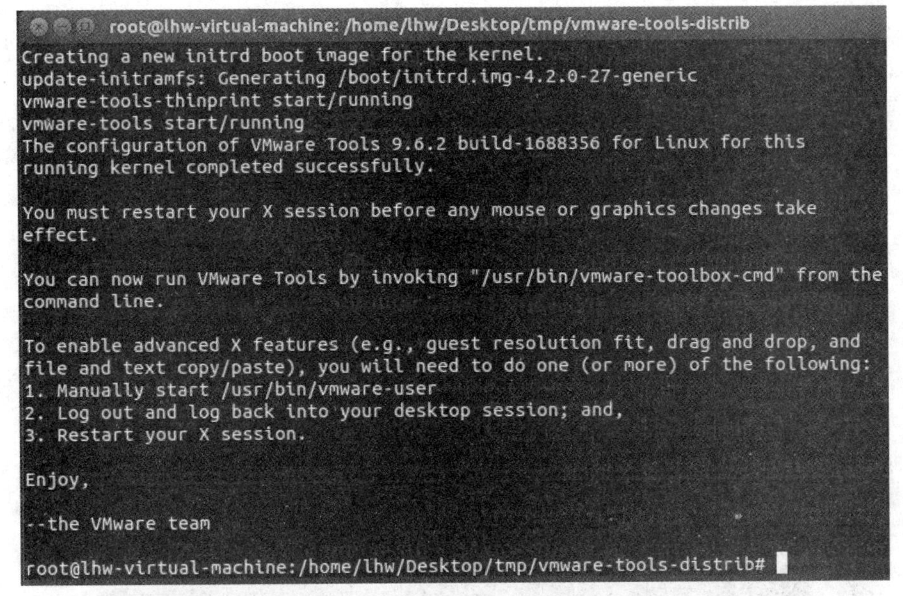

图 2-71

完成之后，重新启动该系统。现在可以：

1）单击“全屏”按钮，即可全屏。

2）将 Windows 操作系统下的文件或文件夹拖动到虚拟机中的 Ubuntu 系统中，用同样的方法可将 Ubuntu 系统中的文件拖到 Windows 系统中。

2.5 安装 minicom 串口工具

步骤如下：

（1）启动串口设备，如图 2-72 所示。

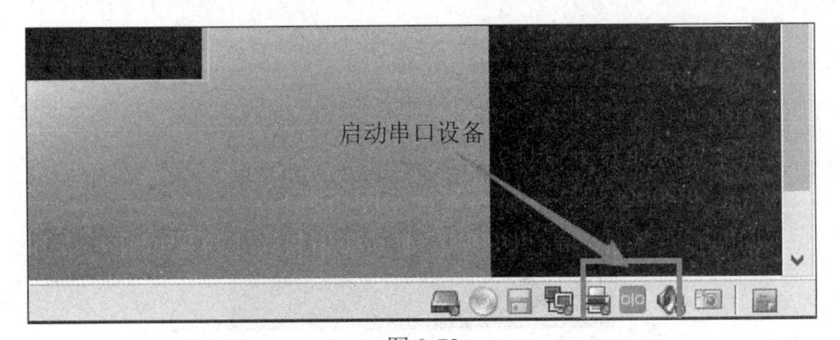

图 2-72

（2）启动终端，在终端中输入如下代码安装 minicom：

```
sudo apt-get install minicom
```

如果未出现错误，则表示安装完成。安装完成后，启动 minicom 的配置，代码如下：

```
sudo minicom -s
```

图形界面如图 2-73 所示。

串口号设置为 ttyS0（注意其中的 S 是大写），串口波特率为 115200，Hardware Flow Control 为 No，如图 2-74 所示。

文件(F) 编辑(E) 查看(V) 搜索(S) 终端(T) 帮助(H)
+-----[configuration]------+
Filenames and paths
File transfer protocols
Serial port setup
Modem and dialing
Screen and keyboard
Save setup as dfl
Save setup as
Exit
Exit from Minicom

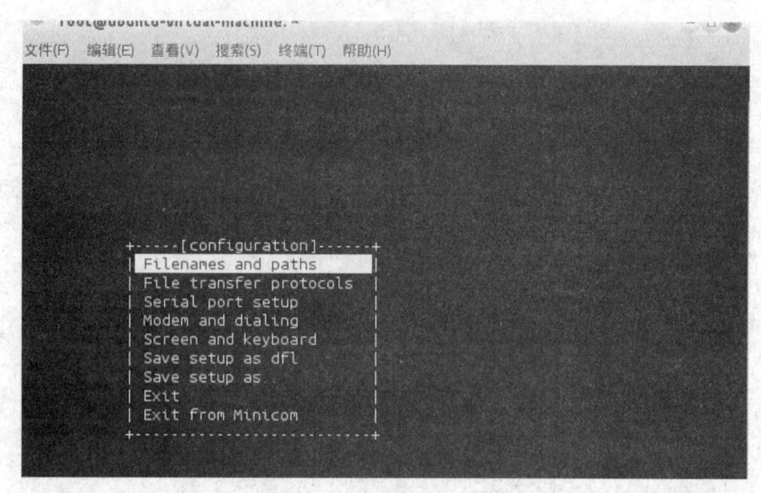

图 2-73

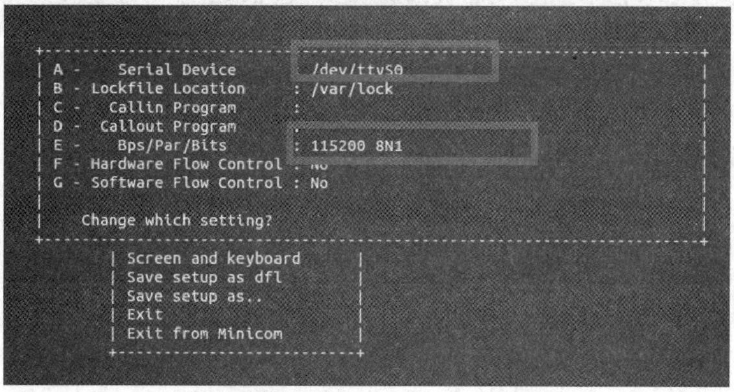

A - Serial Device : /dev/ttyS0
B - Lockfile Location : /var/lock
C - Callin Program :
D - Callout Program :
E - Bps/Par/Bits : 115200 8N1
F - Hardware Flow Control : No
G - Software Flow Control : No
Change which setting?
Screen and keyboard
Save setup as dfl
Save setup as..
Exit
Exit from Minicom

图 2-74

（3）设置完成后，选择保存退出命令，如图 2-75 所示。

+-----[configuration]------+
Filenames and paths
File transfer protocols
Serial port setup
Modem and dialing
Screen and keyboard
Save setup as dfl
Save setup as..
Exit
Exit from Minicom

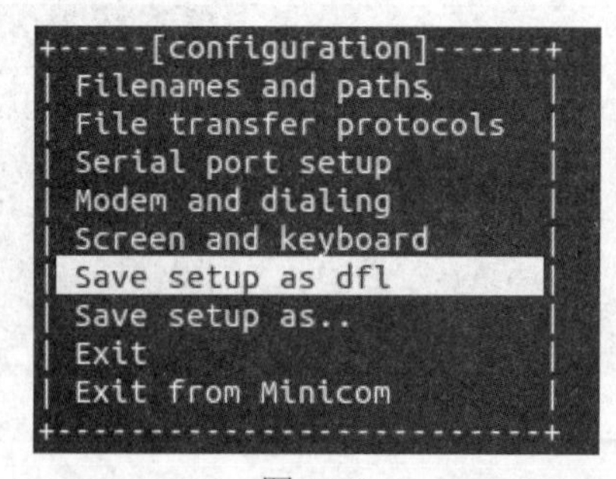

图 2-75

这时就可以将开发板的串口信息打印显示在 minicom 终端上了。

注意： 为看到串口信息，请使用串口线连接开发板 com 口与主机的 com 口并开启开发板电源。信息显示如图 2-76 所示（以博创 Up-tech Magic2410 为例）。

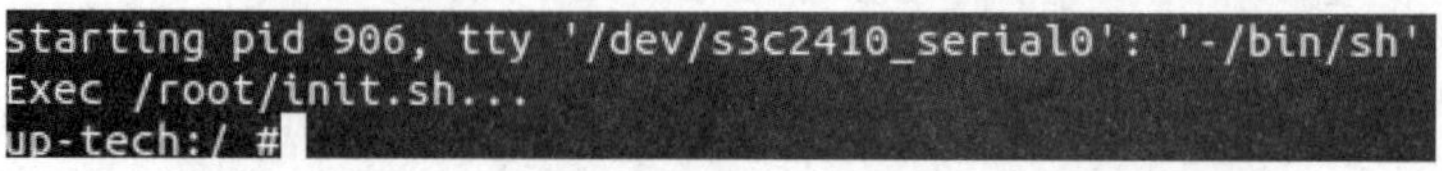

starting pid 906, tty '/dev/s3c2410_serial0': '-/bin/sh'
Exec /root/init.sh...
up-tech:/ #

图 2-76

2.6　配置 NFS 服务器

Linux 主机通过 NFS 访问网络中其他 Linux 主机上的共享资源。NFS 的原理是在客户端上通过网络将远程主机共享文件系统以挂载（mount）的方式加入本机的文件系统，之后的操作就如同在本机上一样。

1. 安装 NFS

Ubuntu 上默认是没有安装 NFS 服务器的，首先要安装 NFS 服务程序。在宿主机终端输入：

```
sudo apt-get install nfs-kernel-server
```

注：安装 nfs-kernel-server 时，apt 会自动将客户端（nfs-common）和端口映射（rpcbind）程序给安装了。

2. 配置挂载目录和权限

```
sudo vim /etc/exports
```

如果不能使用 vim，则需用以下方法安装 vim：

1）在 Ubuntu Software Center 中搜索 vim-gtk，并安装 Vi IMproved-enhanced vi editor -with GTK2 GUI。

2）或在终端中输入：

```
sudo apt-get install vim-gtk
```

NFS 配置文件是 etc/exports，以下是其代码片段：

```
# /etc/exports: the access control list for file systems which may be
exported
# to NFS clients. See exports(5).
#
# Example for NFSv2 and NFSv3:
# /srv/homes hostname1(rw,sync) hostname2(ro,sync)
#
# Example for NFSv4:
# /srv/nfs4 gss/krb5i(rw,sync,fsid=0,crossmnt)
# /srv/nfs4/homes gss/krb5i(rw,sync)
#
```

使用命令：在 vim /etc/exports 后输入 i，将光标移到末尾加上如下一行（#只加这一行）：

```
/root/Desktop  192.168.0.*(rw,sync,no_root_squash)
```

注意：上句中 192.168.0.*代表 192.168.0.0 网络的所有主机均可访问/root 这个网络共享目录。具体网络号应与用户的主机系统（宿主）一致。

然后保存退出（命令：按 Esc 键；输入:wq 并回车）。

解释：

/root/Desktop：表示共享目录，当然，可以指定需要的目录。

192.168.0.*：前面三位是用户主机（NFS 客户端）的 IP 地址（在本机终端使用 ifconfig 命令就可以获得本机的 IP 地址）。

rw：读/写权限，只读权限的参数为 ro。

sync：数据同步写入内存和硬盘，也可以使用 async，此时数据会先暂存于内存中，而不立即写入硬盘。

no_root_squash：NFS 服务器共享目录用户的属性，如果用户是 root，那么对于这个共享目录来说就具有 root 的权限。

注意：若/etc/exports 有改动就应该重启 NFS。

192.168.0.*和(rw,sync,no_root_squash)之间不能有空格，否则挂载后，客户端只能读，不能写。

3. 创建共享文件夹

创建的共享文件夹路径要与在/etc/exports 中写入的路径一致且要同名，再修改该文件夹的权限（假如上面我们的共享文件夹是 nfsboot，那么在根目录下就需创建一个 nfsboot 文件夹，然后用 sudo chmod 777 /nfsboot 指令修改该文件夹的权限）。

上述两个命令（本次操作暂不执行）如下：

```
sudo mkdir /nfsboot
sudo chmod 777 /nfsboot
```

4. 重启 NFS 服务

```
sudo /etc/init.d/nfs-kernel-server restart
```

系统显示：

```
*Starting NFS kernel daemon                                    [ OK ]
```

5. 开发板 IP 地址设置

在开发板端输入 ifconfig 可查看开发板的 IP 地址。如果要修改则使用下面的命令：

```
ifconfig eth0 192.168.0.100/24
```

注：上述 IP 地址为修改后开发板的 IP 地址，要保证与宿主机的 IP 地址同网段但不相同。

6. 挂载终端设备

在终端设备上输入以下内容：

```
sudo mount   -t   nfs   -o nolock 192.168.0.5:/root/Desktop     /mnt/nfs
```

解释：

mount：挂载命令。

192.168.0.5：服务器的 IP。如果 nfs-server、nfs-common 都装在同一台 PC 上，那么服务器、客户端的 IP 都一样，可以用 ifconfig 来查询。

/root/Desktop：服务器共享文件夹。

/mnt/root：挂载的目的文件夹（客户端）。

若成功，用 df 命令就可以看到/root/Desktop 文件夹成功挂载在/mnt/nfs 下：

```
192.168.0.5:/root/Desktop
        19478208    13834432     4631296    75% /mnt/nfs
```

在/mnt/nfs 文件夹也可以访问/root/Desktop 文件夹下的文件。

若要取消挂载，则输入 sudo umount /mnt/nfs。

2.7 交叉编译链的安装

将 arm-2009q3.tar.bz2 文件复制到 Linux 主机的/root 目录下，并在终端中分别执行下面的解压命令：

```
root@lhw-virtual-machine:~# cd /root
root@lhw-virtual-machine:~#tar -jxvf arm-2009q3.tar.bz2
```

即可得到 arm-2009q3 目录。

为了使用方便，还可以编辑/etc/bash.bashrc 文件，把编译器路径添加到环境变量 PATH 中，只要在这个文件中添加下面这个语句即可：

```
PATH=/root/arm-2009q3/bin:$PATH
export PATH
```

编辑完毕后使用 source /etc/bash.bashrc 命令执行一下这个文件，让设置生效，之后再输入：

```
arm-none-linux-gnueabi-gcc -v
```

或

```
arm-linux-gcc -v
```

执行后，如果输出信息如图 2-77 所示，则表明设置成功。

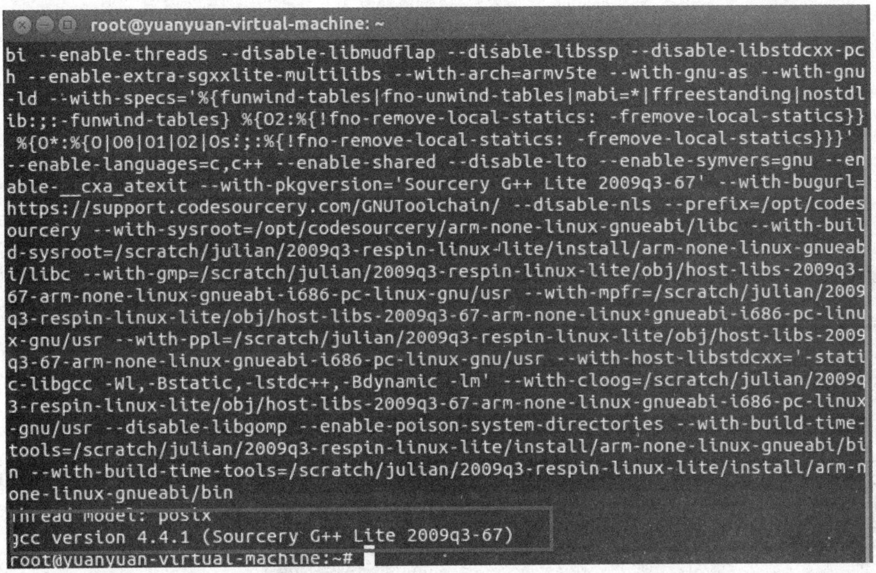

```
root@yuanyuan-virtual-machine: ~
bi --enable-threads --disable-libmudflap --disable-libssp --disable-libstdcxx-pc
h --enable-extra-sgxxlite-multilibs --with-arch=armv5te --with-gnu-as --with-gnu
-ld --with-specs='%{funwind-tables|fno-unwind-tables|mabi=*|ffreestanding|nostdl
ib:;:-funwind-tables} %{O2:%{!fno-remove-local-statics: -fremove-local-statics}}
 %{O*:%{O|O0|O1|O2|Os:;:%{!fno-remove-local-statics: -fremove-local-statics}}}'
--enable-languages=c,c++ --enable-shared --disable-lto --enable-symvers=gnu --en
able-__cxa_atexit --with-pkgversion='Sourcery G++ Lite 2009q3-67' --with-bugurl=
https://support.codesourcery.com/GNUToolchain/ --disable-nls --prefix=/opt/codes
ourcery --with-sysroot=/opt/codesourcery/arm-none-linux-gnueabi/libc --with-buil
d-sysroot=/scratch/julian/2009q3-respin-linux-lite/install/arm-none-linux-gnueab
i/libc --with-gmp=/scratch/julian/2009q3-respin-linux-lite/obj/host-libs-2009q3-
67-arm-none-linux-gnueabi-i686-pc-linux-gnu/usr --with-mpfr=/scratch/julian/2009
q3-respin-linux-lite/obj/host-libs-2009q3-67-arm-none-linux-gnueabi-i686-pc-linu
x-gnu/usr --with-ppl=/scratch/julian/2009q3-respin-linux-lite/obj/host-libs-2009
q3-67-arm-none-linux-gnueabi-i686-pc-linux-gnu/usr --with-host-libstdcxx='-stati
c-libgcc -Wl,-Bstatic,-lstdc++,-Bdynamic -lm' --with-cloog=/scratch/julian/2009q
3-respin-linux-lite/obj/host-libs-2009q3-67-arm-none-linux-gnueabi-i686-pc-linux
-gnu/usr --disable-libgomp --enable-poison-system-directories --with-build-time-
tools=/scratch/julian/2009q3-respin-linux-lite/install/arm-none-linux-gnueabi/bi
n --with-build-time-tools=/scratch/julian/2009q3-respin-linux-lite/install/arm-n
one-linux-gnueabi/bin
Thread model: posix
gcc version 4.4.1 (Sourcery G++ Lite 2009q3-67)
root@yuanyuan-virtual-machine:~#
```

图 2-77

2.8　安装配置 ARM-Qt

2.8.1　安装 Qt Creator

在根目录中创建一个文件夹，如 Qter，命令如下：

```
cd /
mkdir Qter
```

打开 Qter 文件夹，直接将 Windows 系统下的 qt-creator-linux-x86-opensource-2.8.1.run 文件拖到 Qter 文件夹中，如图 2-78 所示。

打开终端，进入 Qter 目录，修改 Qt Creator 安装文件的权限，执行该文件，代码如下：

```
cd /Qter
chmod 777 qt-creator-linux-x86-opensource-2.8.1.run
./qt-creator-linux-x86-opensource-2.8.1.run
```

执行效果如图 2-79 所示。

安装目录默认为根目录下的/opt 目录，单击“下一步”按钮，如图 2-80 所示。

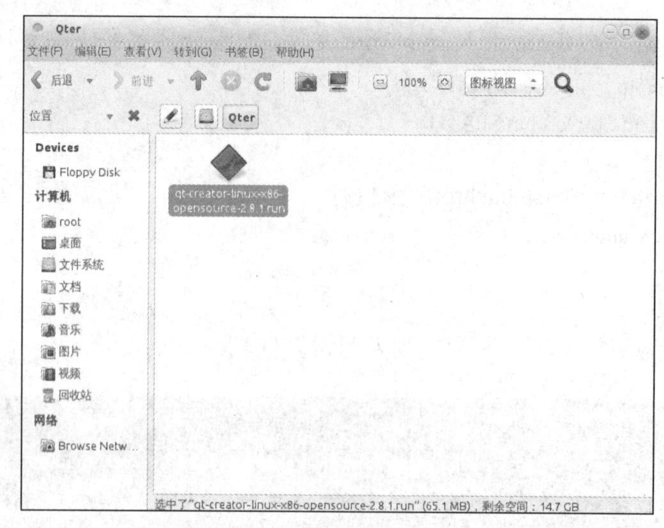

图 2-78

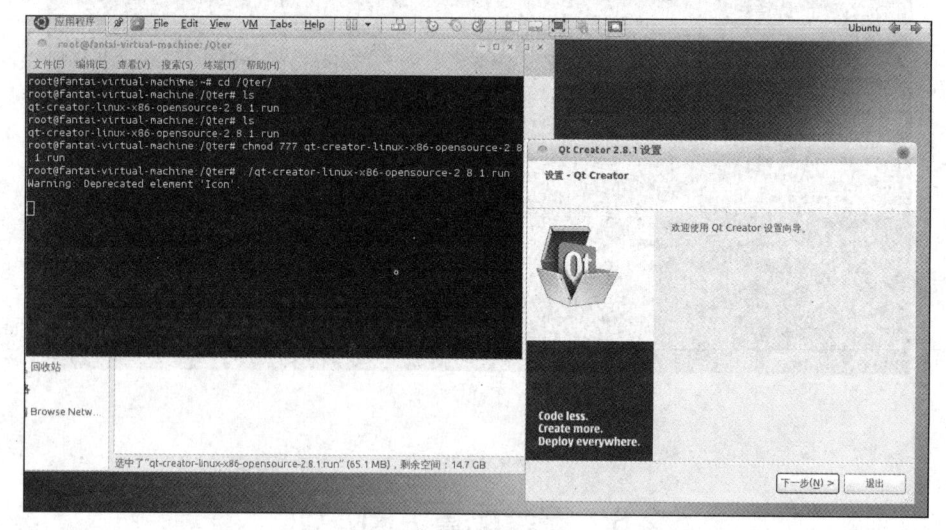

图 2-79

图 2-80

单击“下一步”按钮后，进入用户安装“许可协议”确认对话框，如图 2-81 所示，选择“我接受此许可”单选按钮，再单击“下一步”按钮，进入图 2-82 所示的“已做好安装准备”对话框。

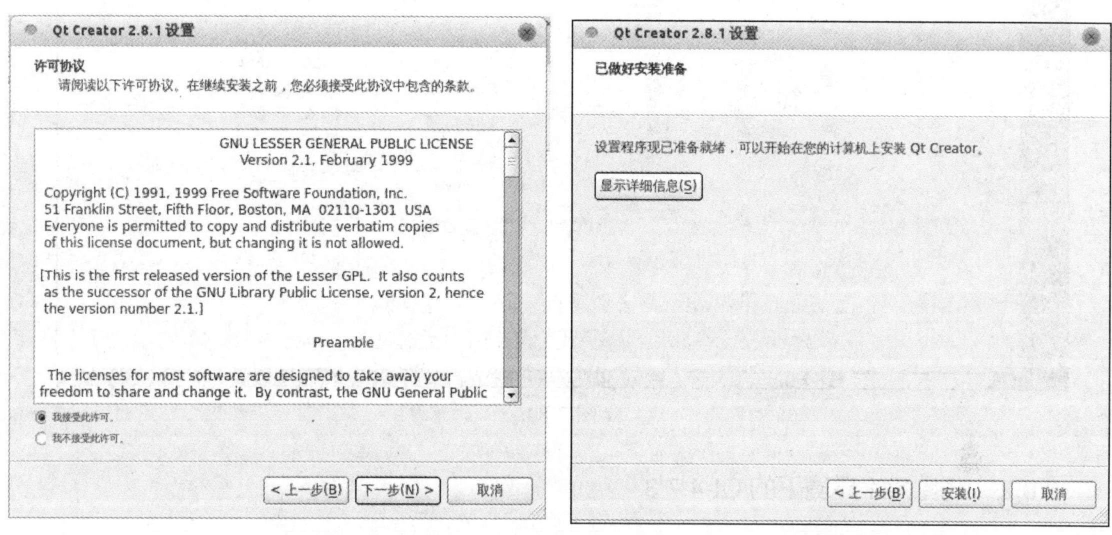

图 2-81　　　　图 2-82

单击“安装”按钮，执行安装过程，稍等片刻安装即可完成，如图 2-83 所示。

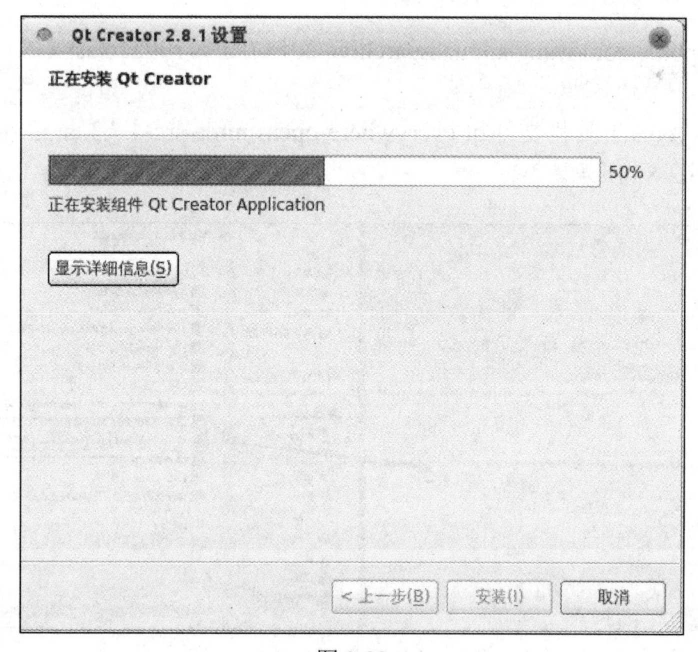

图 2-83

完成安装后，启动 Qt Creator（输入/opt/qtcreator-2.8.1/bin/qtcreator），界面效果如图 2-84 所示。

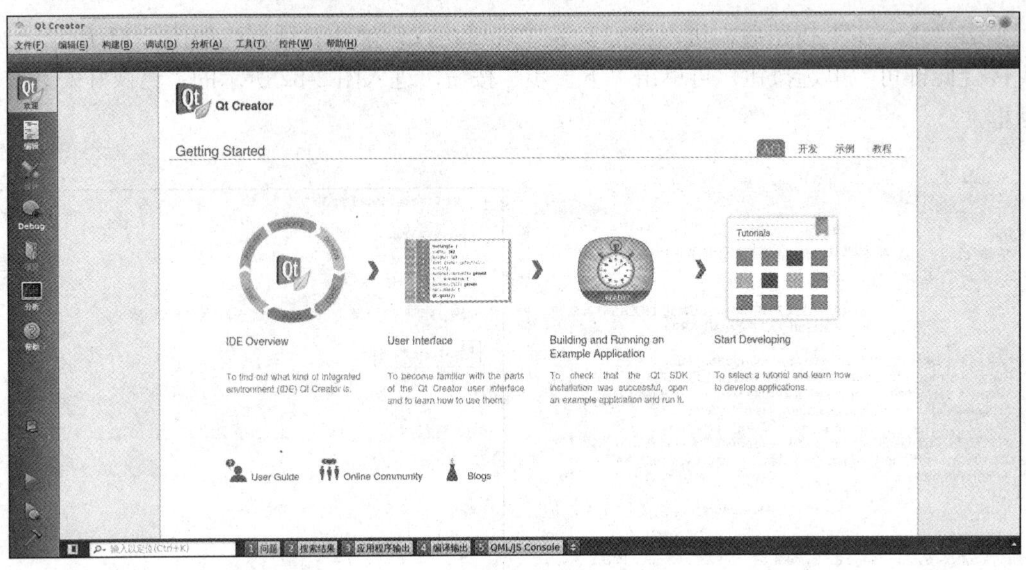

图 2-84

2.8.2　安装 X11 环境下的 Qt-4.7.3

X11 也叫做 X Window 系统，X Window 系统（X11 或 X）是一种位图显示的视窗系统。它是在 UNIX 和类 UNIX 操作系统，以及 OpenVMS 上建立图形用户界面的标准工具包和协议，并可用于几乎所有已有的现代操作系统。

文件下载地址：

http://www.cppblog.com/wanghaiguang/archive/2013/04/08/199216.aspx

解压：

利用 VMware Tools 工具将文件 qt-everywhere-opensource-src-4.7.3.tar.gz 拖动至根目录下的 Qter 目录里，如图 2-85 所示。

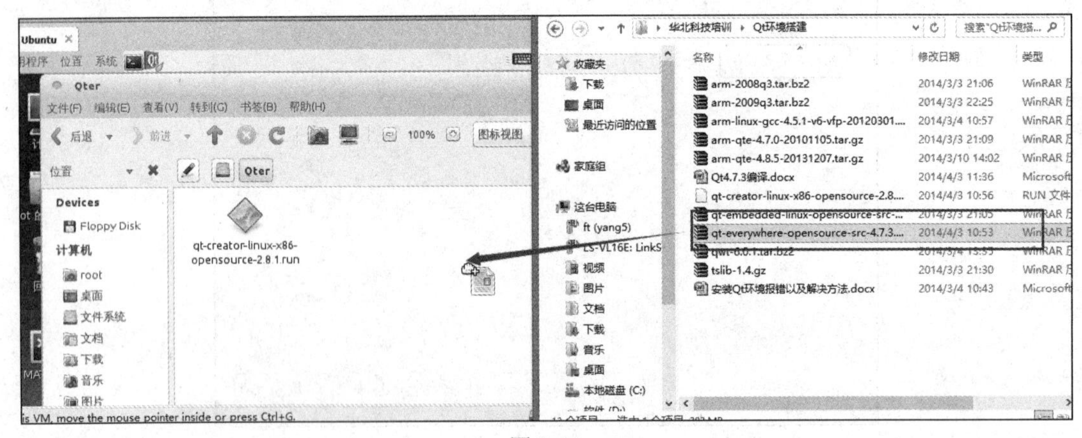

图 2-85

使用终端解压该文件，命令如下：

```
cd /Qter
tar xvzf qt-everywhere-opensource-src-4.7.3.tar.gz
```

解压后的文件名称为 qt-everywhere-opensource-src-4.7.3。

安装：

进入解压后的 qt-everywhere-opensource-src-4.7.3 目录，运行 configure，生成 Makefile 文件，命令如下：

```
cd   qt-everywhere-opensource-src-4.7.3
./configure
```

注意：如果在编译时要正确显示中文，则先进行 apt-get libfontconfig*，并在配置命令后加参数-fontconfig。

这里./configure 不加参数即表示采用默认安装，可以添加参数（如-prefix/opt/Qt-4.7.3 表示将编译文件放到/opt/Qt-4.7.3 中），本例不添加参数。

回车后程序提示“Which edition of Qt do you want to use?”然后给出两个类型供选择：

```
Type 'c' if you want to use the Commercial Edition.
Type 'o' if you want to use the Open Source Edition.
```

第一个是商业版，第二个是自由版。输入 o（Qt/嵌入式自由版是 Qt 为了开发自由软件提供的嵌入式版本），这时候出现许可界面，选择 yes 接受许可协议。

在./configure 阶段，会出现各种各样的错误，从而停止 configure。请根据以下提示，下载并安装相应的组件，然后重新./configure，直到成功。

如出现了以下错误：

```
Basic XLib functionality test failed!
You might need to modify the include and library search paths by editing.
QMAKE_INCDIR_X11 and QMAKE_LIBDIR_X11
```

是因为没有装 libxtst-dev。另外，还可能出现其他无法安装的意外情况，所以，在运行 configure 前最好主动装好下面 3 个安装包，基本上就可以了，命令如下：

```
sudo apt-get install libx11-dev libxext-dev libxtst-dev
```

如果出现以下错误：

```
make: g++: Command not found
make: *** [project.o] Error 127
```

则需要安装 g++（还有 linux-g++）。

安装时使用以下命令：

```
sudo apt-get install g++
```

还有

```
sudo apt-get install linux-g++
```

安装成功则显示如下信息：

```
Qt is now configured for building. Just run 'make'.
Once everything is built, you must run 'make install'.
Qt will be installed into /usr/local/Trolltech/Qt-4.7.3
To reconfigure, run 'make confclean' and 'configure'.
```

并在当前目录生成 Makefile 文件。

如果上述没错，则进行 make（编译）。make 中可能会出现以下错误提示：

```
/usr/bin/ld: cannot find -lXrender
collect2: ld returned 1 exit status
make[1]: *** [../../../../lib/libQtWebKit.so.4.7.3] 错误 1
make[1]: Leaving directory '/home/debian/桌面
/qt-everywhere-opensource-src-4.7.3/src/3rdparty/webkit/WebCore'
make: *** [sub-webkit-make_default-ordered] 错误 2
```

是因为没有装 libxrender-dev，所以在进行 make 前最好选择安装 libxrender-dev。命令如下：

```
sudo apt-get install libxrender-dev
```

然后再执行 make，命令如下：

```
make
```

这个过程时间比较长，需要两个半小时左右，而且还有可能出错，不过，可以试试能不能进行下一步（make install）。

完成结果如下：

```
d/qrc_spectrum.o    -L/Qter/qt-everywhere-opensource-src-4.7.3/lib -L.. -lfftrea
l -lQtMultimedia -L/Qter/qt-everywhere-opensource-src-4.7.3/lib -L/usr/X11R6/lib
 -lQtGui -lQtCore -lpthread
make[3]: Leaving directory `/Qter/qt-everywhere-opensource-src-4.7.3/demos/spect
rum/app'
make[2]: Leaving directory `/Qter/qt-everywhere-opensource-src-4.7.3/demos/spect
rum'
make[1]: Leaving directory `/Qter/qt-everywhere-opensource-src-4.7.3/demos'
root@lhw-virtual-machine:/Qter/qt-everywhere-opensource-src-4.7.3#
```

如果 make 没错（或只有部分不关键错误），则运行：

```
make install
```

如果安装成功，则会在/usr/local/下创建一个 Trolltech /Qt-4.7.3 目录，如图 2-86 所示。

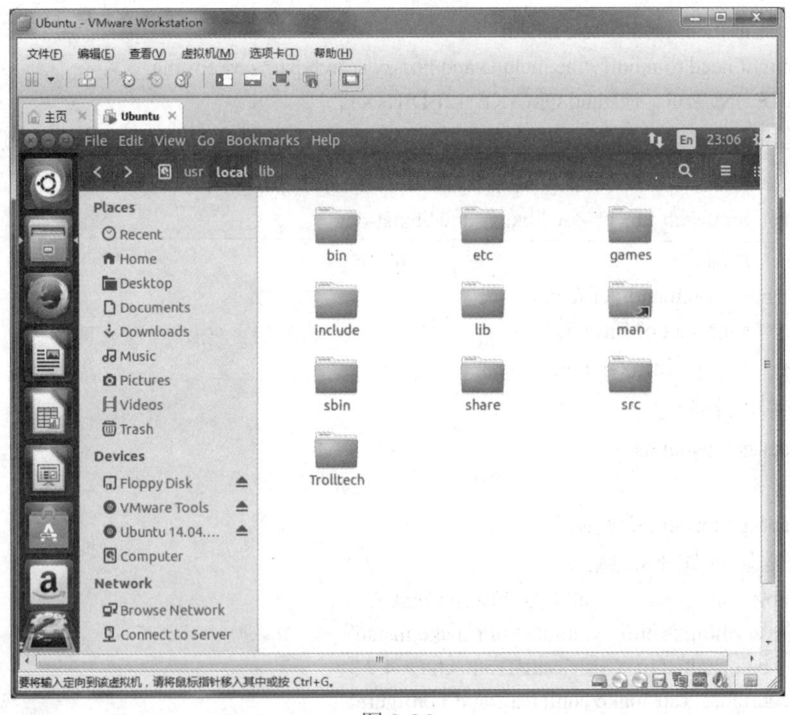

图 2-86

进入该目录后用 ls 显示，命令如下：

```
cd /usr/local/Trolltech/Qt-4.7.3
ls
```

显示结果如下：

```
root@lhw-virtual-machine:/usr/local/Trolltech/Qt-4.7.3# ls
bin    doc      imports  lib      phrasebooks  q3porting.xml
demos  examples include  mkspecs  plugins      translations
```

测试 qmake，输入命令：

```
sudo ./bin/qmake -v
```

显示结果如下：

```
root@lhw-virtual-machine:/usr/local/Trolltech/Qt-4.7.3# ./bin/qmake -v
QMake version 2.01a
Using Qt version 4.7.3 in /usr/local/Trolltech/Qt-4.7.3/lib
root@lhw-virtual-machine:/usr/local/Trolltech/Qt-4.7.3#
```

2.8.3 测试 designer

使用下面命令进入 designer 所在目录并运行：

```
cd bin
./designer
```

结果如图 2-87 所示。

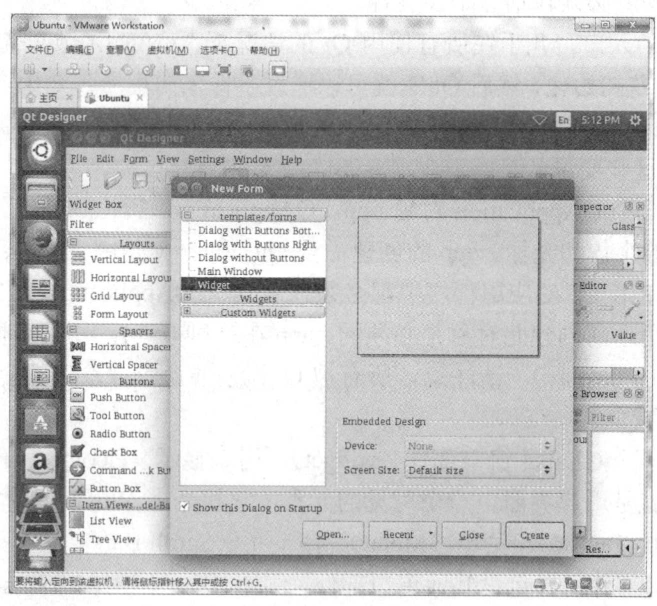

图 2-87

关闭并退出 designer。

我们已经建立好了在本机上（PC 端）开发 Qt 应用程序的 X11 环境，下面通过编写一个 welcome 的程序来了解 Qt 程序设计。

1）进入桌面。

```
cd /root/Desktop/
```

2）创建目录 welcome 并进入。

```
mkdir welcome
cd welcome
```

3）建立文件名为 welcome.cpp 的文件。

```
vim welcome.cpp
```

提示：如果不能使用 vim，则使用 vi 或者 gedit。非要使用的话，请执行以下命令下载并安装 vim:

```
sudo apt-get install vim-gtk
```

4）弹出界面后按 i 后进入插入状态，按下面的程序输入：

```
#include <QApplication>
#include <QLabel>
int main(int argc, char *argv[])
{
    QApplication app(argc, argv);
    QLabel *label = new QLabel ("welcome!");
    label->show();
    return app.exec();
}
```

解释：

第 1 行和第 2 行包含了两个类的定义：QApplication 和 QLabel。对于每一个 Qt 的类，都会有一个同名的头文件，头文件里包含了这个类的定义。因此，如果在程序中使用了一个类的对象，那么在程序中就必须包括这个头文件。

第 3 行是程序的入口。几乎在所有使用 Qt 的情况下，main()函数只需要在把控制权转交给 Qt 库之前执行一些初始化，然后 Qt 库就可以通过事件来向程序告知用户的行为。argc 是命令行变量的数量，argv 是命令行变量的数组。这是一个 C/C++特征，它不是 Qt 专有的，无论如何，Qt 需要处理这些变量。

第 5 行定义了一个 QApplication 对象 app。QApplication 管理了各种各样的应用程序的广泛资源，比如默认的字体和光标。app 的创建需要 argc 和 argv 是因为 Qt 支持一些自己的命令行参数。在每一个使用 Qt 的应用程序中都必须使用一个 QApplication 对象，并且在任何 Qt 窗口系统部件被使用之前创建此对象是必须的。app 在这里被创建并且处理后面的命令行变量（比如在 X 窗口下的-display）。请注意，所有被 Qt 识别的命令行参数都会从 argv 中被移除，并且 argc 也因此而减少。

第 6 行创建了一个 QLabel 窗口部件（widget），用来显示 welcome。在 Qt 和 Unix 的术语中，一个窗口部件就是用户界面中一个可见的元素，它相当于 Windows 术语中的“容器”加上“控制器”。按钮（Button）、菜单（Menu）、滚动条（Scroll Bars）和框架（Frame）都是窗口部件的例子。窗口部件可以包含其他窗口部件，例如，一个应用程序界面通常就是一个包含了 QmenuBar、一些 QtoolBar、一个 QStatusBar 和一些其他部件的窗口。绝大多数应用程序使用一个 QMainWindow 或者一个 QDialog 作为程序界面，但是 Qt 允许任何窗口部件成为窗口。在这个例子中，QLabel 窗口部件就是作为应用程序主窗口的。

第 7 行使我们创建的 QLabel 可见。当窗口部件被创建的时候，它总是隐藏的，必须调用 show()来使它可见。通过这个特点我们可以在显示这些窗口部件之前定制它们，这样就不会出现闪烁的情况。

第 8 行就是 main()将控制权交给 Qt。在这里，程序进入了事件循环。事件循环是一种 stand-by 的模式，程序会等待用户的动作（比如按下鼠标或者是键盘），用户的动作将会产生程序可以做出反应的事件（也被称为“消息”）。程序对这些事件的反应通常是执行一个或几个函数。

为了简单起见，我们没有在 main()函数的结尾处调用 delete 来删除 QLabel 对象。这种内存泄露是无害的，因为对于像这样的小程序，在结束时操作系统将会释放程序占用的内存堆。

5）完成程序录入后按 Esc 键退出插入状态，接着按“Shift+:”组合键后输入 wq 并按回车键，则保存了文件。

6）此时如果执行 ls 命令，则可看到刚才建立的且是唯一的一个文件：welcome.cpp。

7）编译程序。

第一步：照下面命令完整输入。

```
/usr/local/Trolltech/Qt-4.7.3/bin/qmake -project
```

上面输入的/usr/local/Trolltech/Qt-4.7.3/bin/是安装 Qt 后 qmake 所在目录（qmake 是一个协助简化跨平台进行专案开发的构建过程的工具程式，Qt 附带的工具之一）。回车后，用 ls 显示，结果如下：

```
root@lhw-virtual-machine:~/Desktop/welcome# ls
welcome.cpp  welcome.pro
root@lhw-virtual-machine:~/Desktop/welcome#
```

可发现多了一个 welcome.pro 文件。使用 cat 命令可查看其内容如下：

```
######################################################################
# Automatically generated by qmake (2.01a) Fri May 13 17:11:30 2016
######################################################################
TEMPLATE = app
TARGET =
DEPENDPATH += .
INCLUDEPATH += .
# Input
SOURCES += welcome.cpp
```

所以，qmake -project 就生成了一个专案文件（*.pro），相当于环境设置。

第二步：输入命令如下：

```
/usr/local/Trolltech/Qt-4.7.3/bin/qmake
```

执行 ls 命令后结果如下：

```
Makefile    welcome.cpp    welcome.pro
```

又增加一个 Makefile，其内容是制定编译规则。

注：手写 Makefile 是比较困难而且容易出错的，尤其在进行跨平台开发时必须针对不同平台分别撰写 Makefile，会增加跨平台开发的复杂性与困难度，所以 qmake 会根据专案文件（.pro）里面的信息自动生成适合平台的 Makefile。开发者能够选择自行撰写专案文件或是由 qmake 本身产生。qmake 包含额外的功能来方便 Qt 开发，如自动包含 moc 和 uic 的编译规则。

第三步：编译，输入下面命令。

```
make
```

执行 ls 命令后结果如下：

```
Makefile    welcome    welcome.cpp    welcome.o    welcome.pro
```

生成了可执行文件 welcome。

8）运行程序，输入下面命令。

```
./welcome
```

运行结果显示如下：

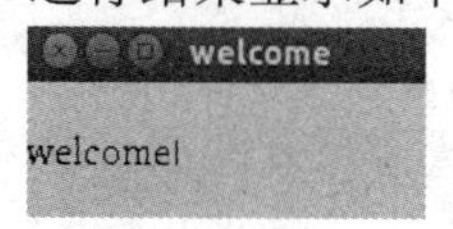

单击“关闭”按钮结束。

注意：该可执行文件只能在 PC 端执行。

2.8.4 Qt 编译器添加到 Qt Creator

将 Qt 编译器添加到 Qt Creator 中，不仅可以在 Qt Creator 中编写代码，还可以进行编译和运行，不需要进行 qmake -project 和 qmake 及 make，非常便于代码调试。

（1）打开 Qt Creator，命令如下：

```
/opt/qt-creator-2.8.1/bin/qt-creator
```

（2）单击 Tools（工具）→Options（选项）→Build & Run（构建和运行）→Qt Versions（Qt 版本），如图 2-88 所示。

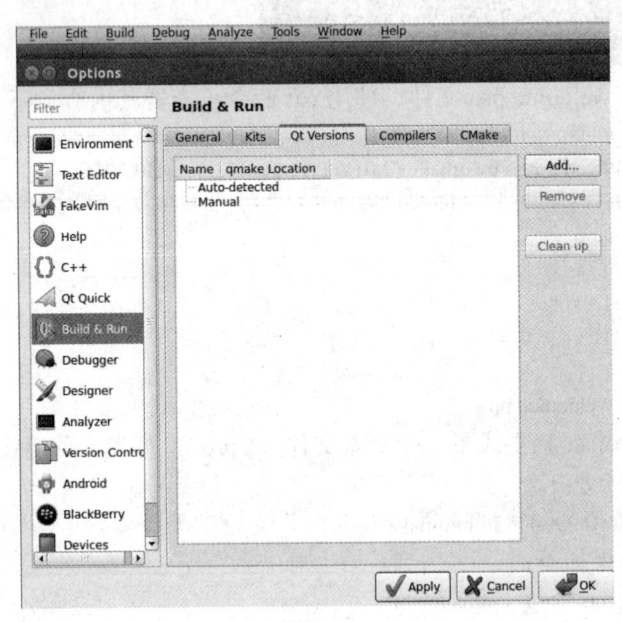

图 2-88

（3）单击 Add（添加）按钮，再选择左侧的 Computer（计算机）项，依次单击最终找到/usr/local/Trolltech/Qt-4.7.3/bin 目录下的 qmake 文件并打开，如图 2-89 所示。

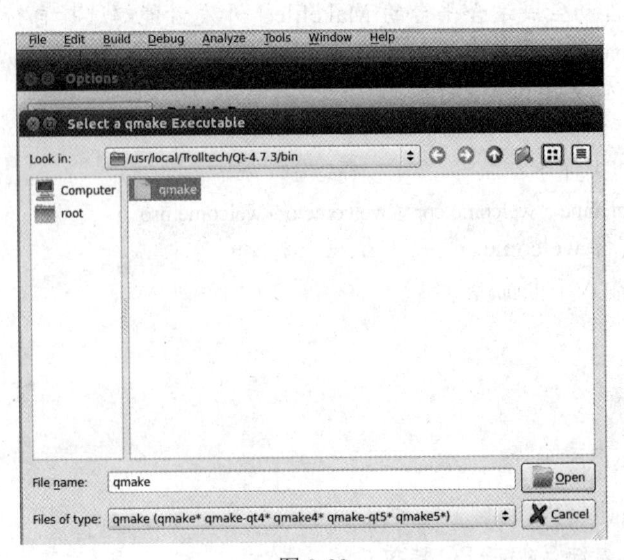

图 2-89

（4）单击图 2-89 中右下角的 Open（打开）按钮，运行结果如图 2-90 所示。单击 Apply（应用）按钮，运行结果如图 2-91 所示。

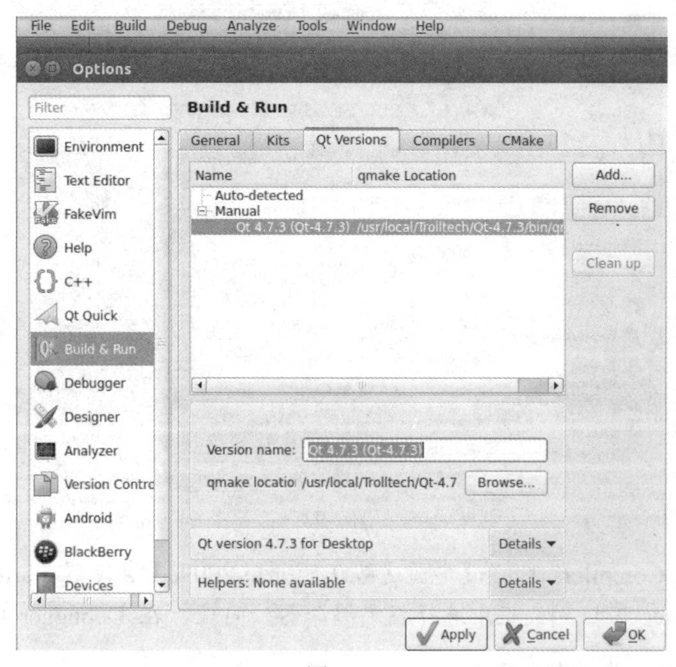

图 2-90

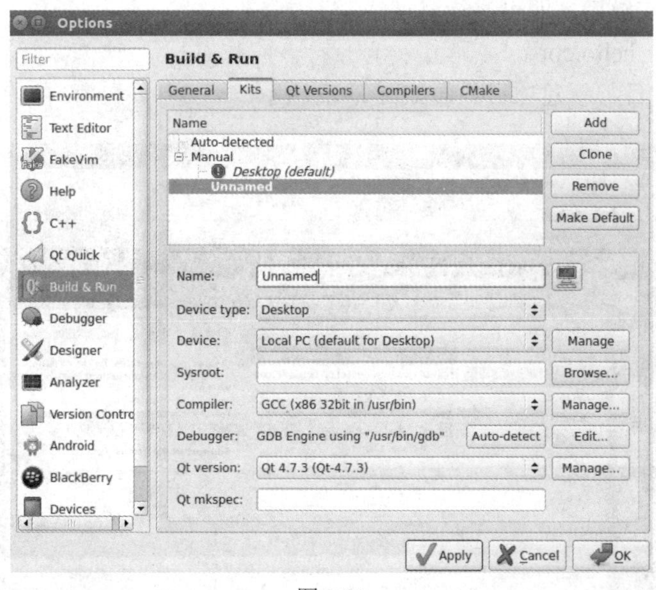

图 2-91

（5）添加构建套件。单击 Kits（套件）标签后单击 Add（添加）按钮，运行结果如图 2-92 所示。在图 2-92 中将名称修改为 x11Qt-4.7.3，注意在下面的 Qt version 下拉列表框中选择上一步创建的 Qt 4.7.3（Qt-4.7.3）。

提示：如果不能在 Qt version 下拉列表框中选择，则先单击 Apply 按钮，再选择 Qt 4.7.3（Qt-4.7.3）。然后单击 Apply 按钮，应用结果如图 2-92 所示。

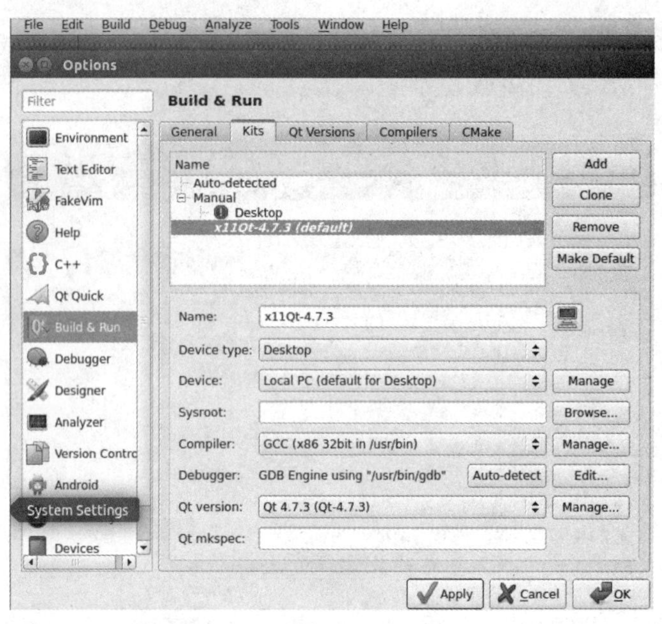

图 2-92

注意：可单击 Compilers 标签设定前述解压的 arm-2009q3 编译器（arm-linux-gcc），然后在本界面的 Compiler 下拉列表框中选择指定编译器。同理，在 Debugger 中选择 arm-2009q3 对应的调试器（arm-linux-gdb）。

（6）测试。

构建套件添加完成后，即可进行测试。

简单测试代码：hello.cpp。

1）单击新建项目，新建项目界面如图 2-93 所示。

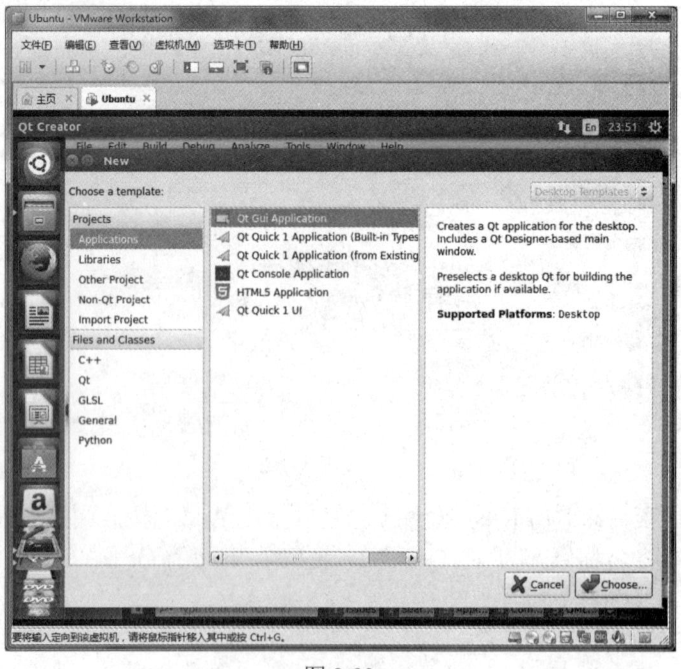

图 2-93

2）如图 2-93 所示，单击 Applications→Qt Gui Applications→Choose，选择结果如图 2-94 所示。

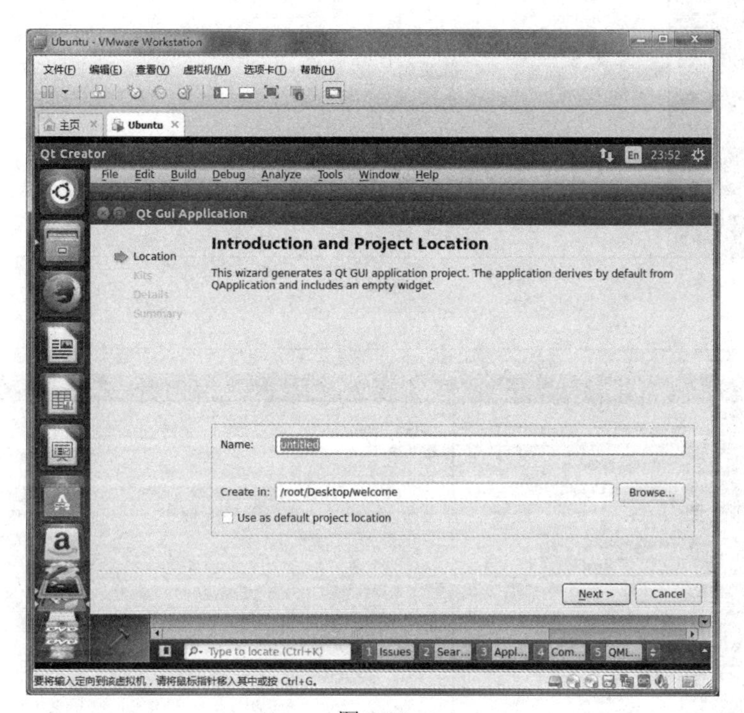

图 2-94

3）在图 2-94 中，填写好名称为 hello，创建路径为/root/Desktop/welcome，单击 Next 按钮后操作界面如图 2-95 所示。

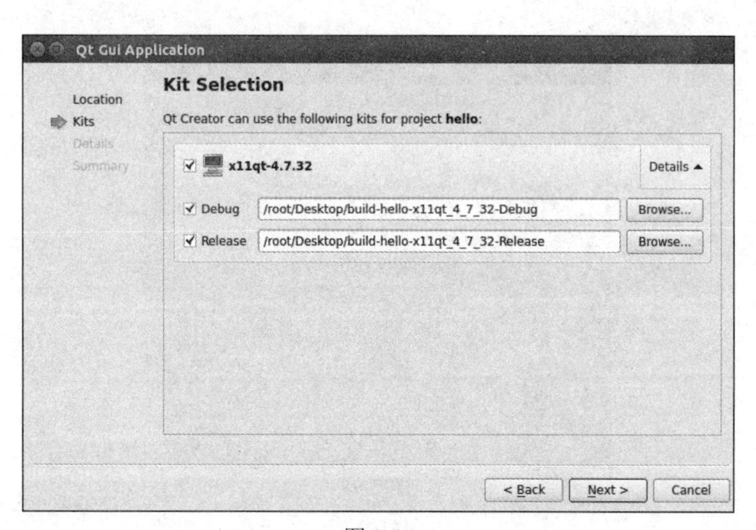

图 2-95

4）构建套件选择 x11qt-4.7.32 环境，单击 Next 按钮，编辑执行程序，如图 2-96 所示。

5）单击左侧 Forms 中的 mainwindow.ui 项。

在界面中添加一个按钮（Push Button），并将其文本改为 hello-lhw!，如图 2-97 所示。

6）单击 Build→Run，运行结果如图 2-98 所示，表示测试成功，关闭运行的窗口。

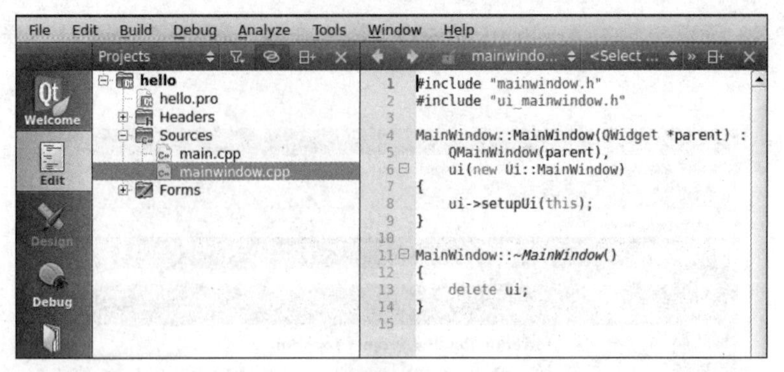

图 2-96

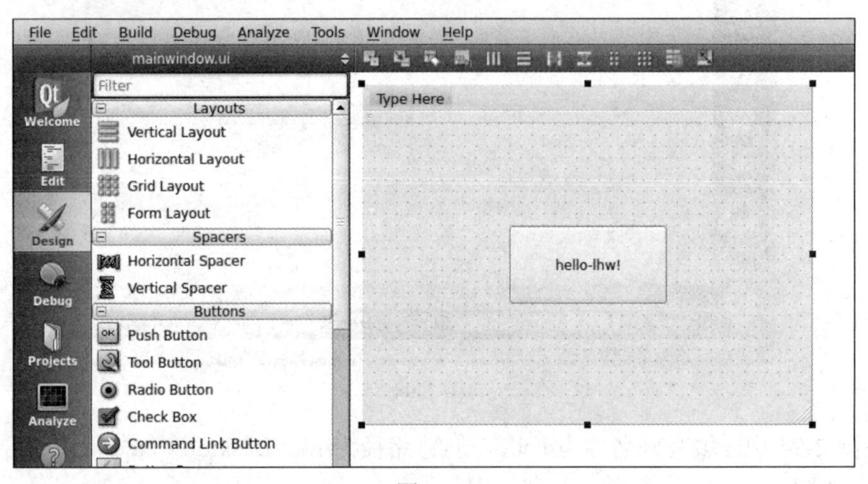

图 2-97

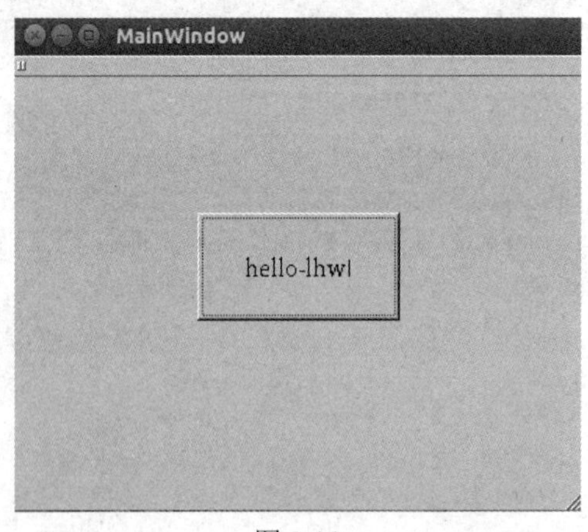

图 2-98

（7）进一步测试。

1）单击 Build→Build All，等待编译完成后退出 Qt Creator。

输入如下命令，进入桌面：

```
Cd /root/Desktop/
```

2）执行 ls 命令后可以看到增加了一个目录 build-hello-x11qt_4_7_32-Debug，如下：

```
build-hello-x11qt_4_7_32-Debug    hello    tmp    welcome
```

3）进入 build-hello-x11qt_4_7_32-Debug 目录并且显示结果如下：

```
hello     mainwindow.o   moc_mainwindow.cpp   ui_mainwindow.h
main.o   Makefile          moc_mainwindow.o
```

4）已经生成可执行文件 hello。此时，可以运行它。命令如下：

```
./hello
```

然后关闭可执行文件 hello。

注意：如果将 build-hello-x11qt_4_7_32-Debug 目录挂载到开发板，试图运行 hello 文件会出现以下提示：

```
line 1: syntax error: word unexpected (expecting ")")
```

现有生成的 hello 只能在 PC 端运行，如果要在开发板（ARM 端）运行，则继续按照后面将会讲到的“2.8.6 安装 ARM 环境下的 Qt Embedded 4.7.3”进行操作。

（8）Qt Creator 启动时可能出现的问题及解决办法。

1）若出现“No tool chain set from kit "Desktop".”提示，则在“工具→选项→构建和运行”中的“套件”和“版本”中移除 Desktop 即可。

2）若出现“QGtkStyle was unable to detect the current GTK+ theme.”提示，解决办法如下：

- 找到 Qt-4.7.3 的 qtconfig 文件并运行，命令如下：

```
/usr/local/Trolltech/Qt-4.7.3/bin/qtconfig
```

出现如图 2-99 所示的操作界面。

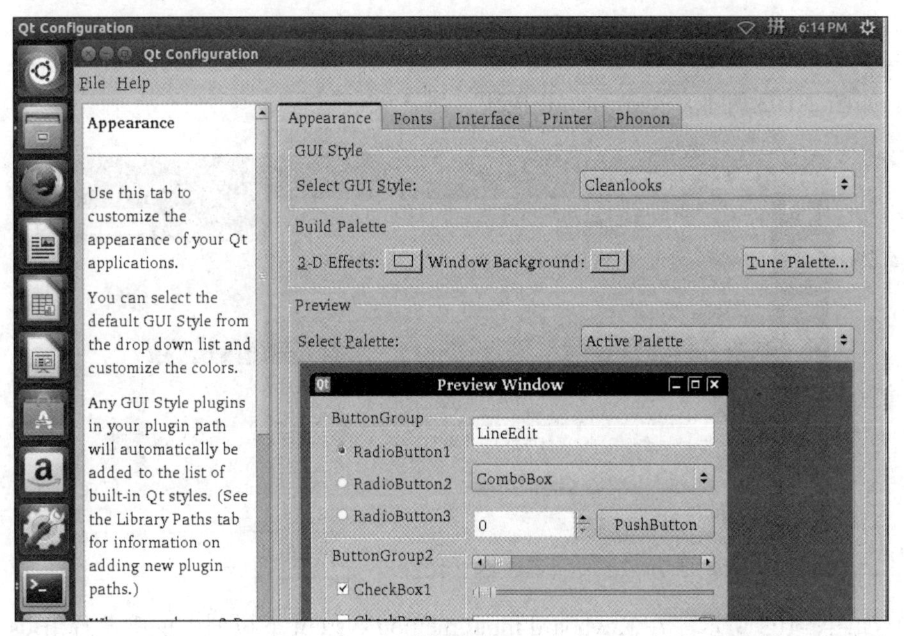

图 2-99

- 在 Select GUI Style 下拉列表框中选择 Cleanlooks 选项，保存退出即可。

2.8.5 中文处理

1. 设置汉语

（1）重新启动系统，以第一个用户 lhw 登录。

（2）进入设置界面，单击 User Accounts（用户账户）按钮后结果如图 2-100 所示。

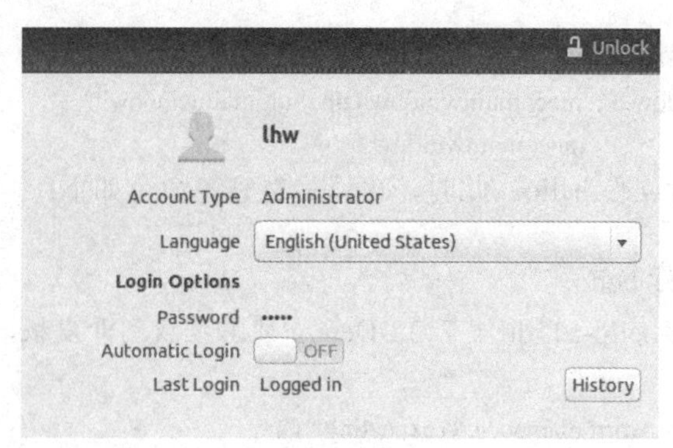

图 2-100

（3）将其语言改为 Chinese。

（4）如图 2-101 所示，单击 System Settings→Language Support。

图 2-101

（5）如图 2-102 所示，单击 Install 按钮，进入安装过程。

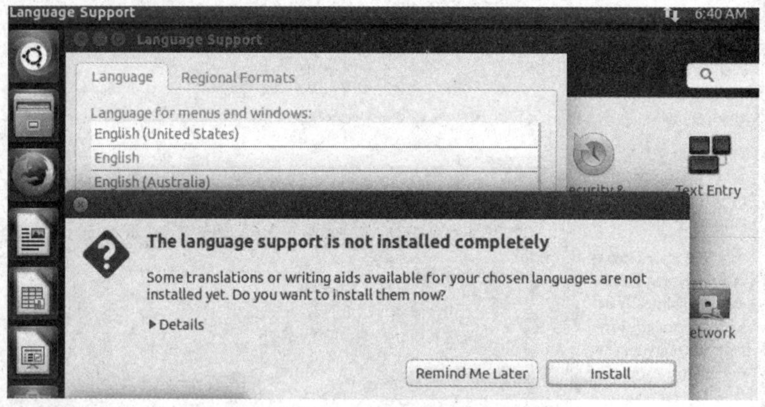

图 2-102

（6）如图 2-103 所示，在 Keyboard input method system 下拉列表框中选择 IBus 选项后，单击界面中的 Install/Remove Languages 按钮。

（7）如图 2-104 所示，勾选 Chinese(simplified)复选框，再单击 Apply Changes 按钮，耐心等待下载安装。

（8）在 Language Support 界面中单击 Regional Formats 标签，并在 Display numbers，dates and currency amounts in the usual format for:下拉列表框中选择“汉语（中国）”选项，单击 Apply System-Wide 按钮，输入密码后单击 Authenticate 按钮，再单击 Close 按钮，重新启动即可，如图 2-105 所示。

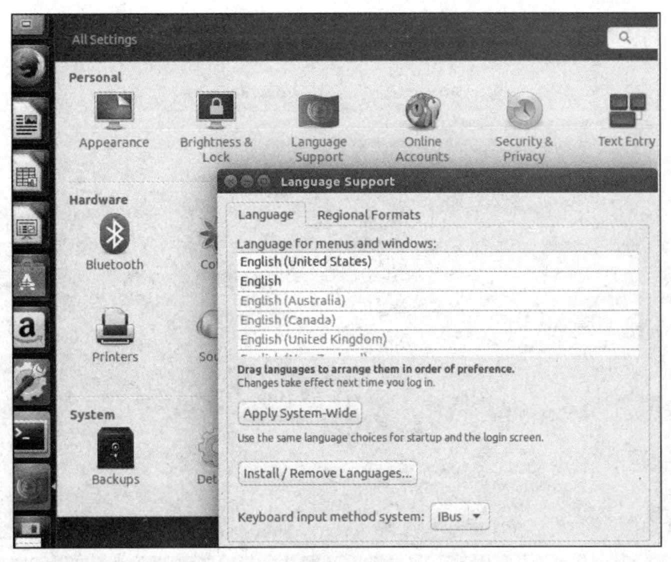

图 2-103

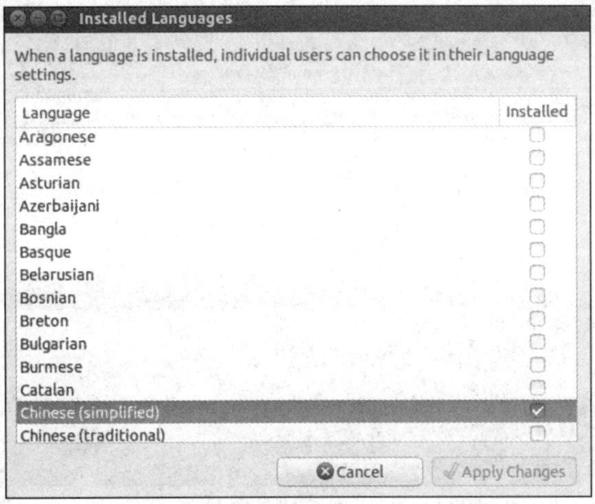

Installed Languages

When a language is installed, individual users can choose it in their Language settings.

Language	Installed
Aragonese	
Assamese	
Asturian	
Azerbaijani	
Bangla	
Basque	
Belarusian	
Bosnian	
Breton	
Bulgarian	
Burmese	
Catalan	
Chinese (simplified)	✓
Chinese (traditional)	

Cancel　Apply Changes

图 2-104

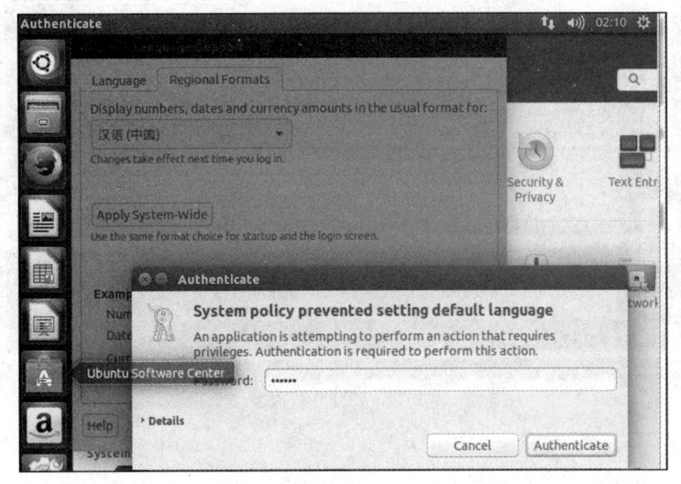

图 2-105

（9）重新启动系统后，已经为汉化版，如图 2-106 所示。

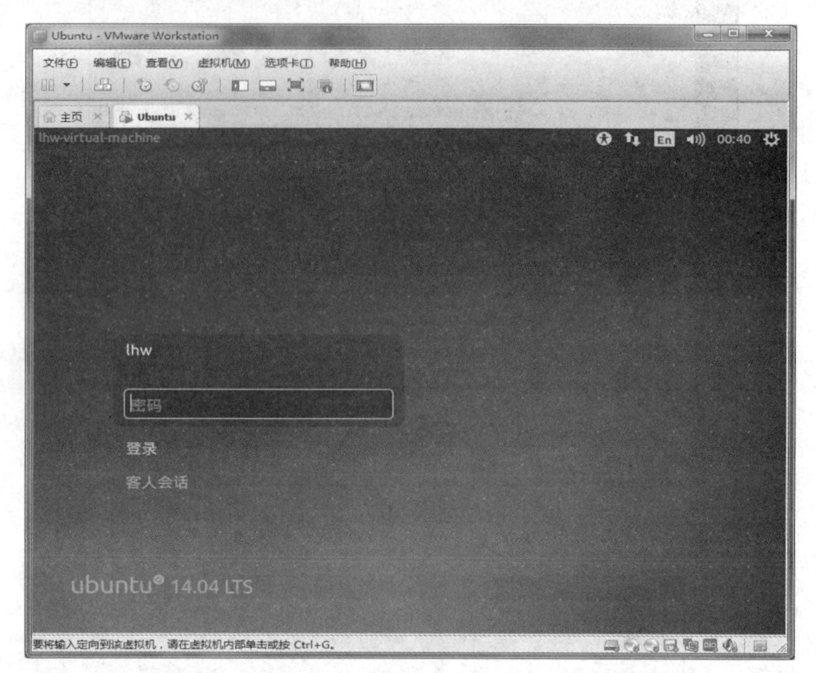

图 2-106

（10）以 root 登录，登录后如图 2-107 所示，单击“保留旧的名称”按钮，方便使用英文终端操作。

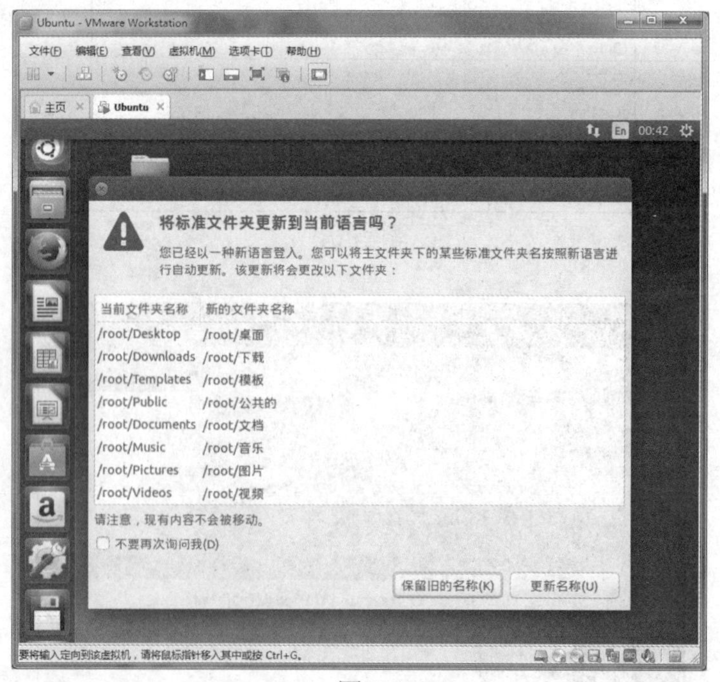

图 2-107

2. 安装输入法

Ubuntu 默认自带的中文输入法是 IBus 框架的 IBus-Pinyin、IBus-Bopomofo 等。如果除了系

统自带的 IBus 输入法框架，还安装了 Fcitx 等输入法框架，那需要在“系统设置→语言支持”项目设定“键盘输入方式系统”为 IBus，如图 2-108 所示。“语言支持”设计对话框如图 2-109 所示。

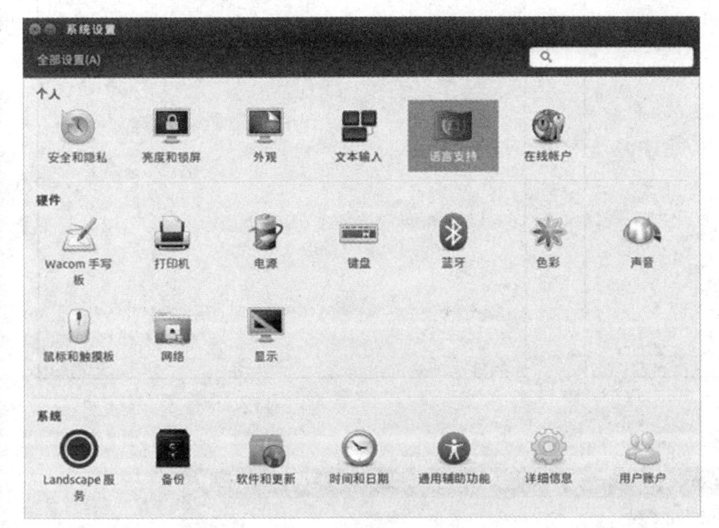

图 2-108

图 2-109

（1）如图 2-110 所示，在/usr/share/applications 目录中选择打开“键盘输入法”项目。

图 2-110

（2）如图 2-111 所示对话框为选择“候选词排列方向”等设置。

（3）如图 2-112 所示对话框为选择“输入法”设置。

注意：

（1）如果没有所需的汉字输入法，比如五笔字型输入法，则先安装五笔字型，命令如下：

```
apt-get    install    ibus-table-wubi
```

（2）一定要添加 English(US)。

（3）当安装了除 IBus 之外的其他输入法后，需要在“系统设置”→“文本输入”里增加相应的输入法，否则右上角任务栏看不到新安装的输入法，如图 2-113 所示。

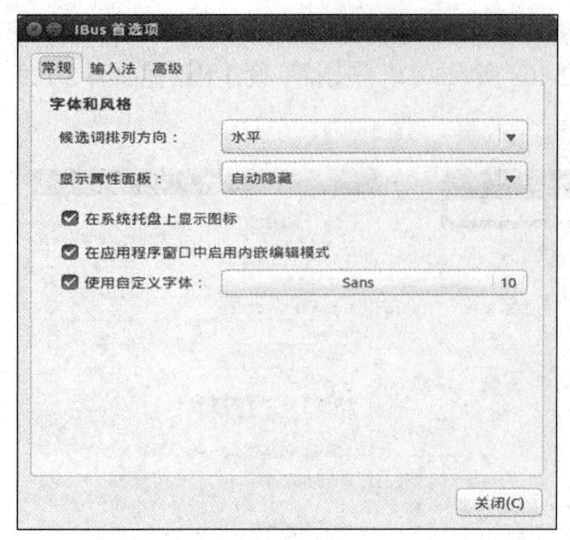

图 2-111

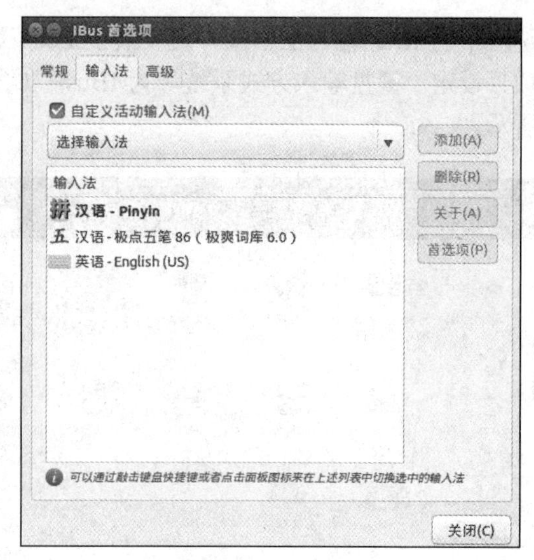

图 2-112

图 2-113

单击右上角任务栏输入法，设置语言，如图 2-114 所示。以后根据需要可以选择不同的输入法。

3. 窗体汉字显示处理

Qt 默认字体不是汉字，因此，界面中出现的一切汉字在编译运行时将不显示。

（1）运行 qtconfig，命令如下：

```
/usr/local/Trolltech/Qt-4.7.3/bin/qtconfig
```

图 2-114

（2）如图 2-115 所示，单击“字体”标签后，在“字体族”下拉列表框中选择 Song Ti（宋体）选项，在“点大小”下拉列表框中选择 11 选项，保存退出。

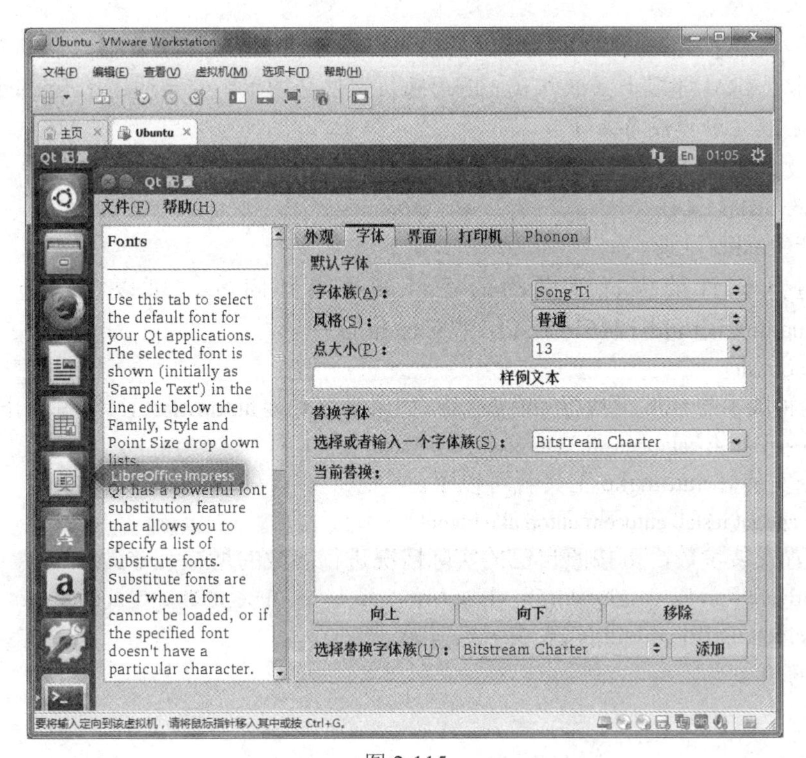

图 2-115

4. 程序中汉字处理

Qt 界面汉字可显示后不代表程序中的汉字也可以显示，必须做以下处理才可以显示汉字：主函数下添加：

```
#include < QApplication>
#include "mainwindow.h"
#include "QTextCodec"
int main(int argc, char *argv[])
{
    QApplication a(argc, argv);
    MainWindow w;
    w.show();
    // 以下部分解决中文乱码
    QTextCodec::setCodecForTr(QTextCodec::codecForName("GB2312"));
    QTextCodec::setCodecForLocale(QTextCodec::codecForName("GB2312"));
    QTextCodec::setCodecForCStrings(QTextCodec::codecForName("GB2312"));
    // 以上部分解决中文乱码
    return a.exec();
}
```

在需要中文的地方添加 QString::fromUtf8()，如下所示：

```
ui->label->setText(QString::fromUtf8("显示的中文内容"));
```

注意：在 ARM 中运行时，命令后加参数：

```
-qws -font unifont
```

2.8.6 安装 ARM 环境下的 Qt Embedded 4.7.3

上述 X11 环境 Qt 安装及与 Qt Creator 套接可以很方便地编辑和编译 X11 可执行文件。但是，如果需要得到在 ARM 环境下（嵌入式）的可执行文件必须重新安装适用于 Embedded 的 Qt。

1. 编译 tslib（触摸设备库）

（1）将文件 tslib-1.4.gz 从 Windows 拖到虚拟机中 Qter 中，使用命令：

```
tar -zxvf tslib-1.4.gz
```

解压文件后产生 tslib 目录。

（2）进入该目录执行下面的命令（如果遇到问题，可以参考下面的链接：http://blog.chinaunix.net/uid-12461657-id-2975918.html）。

```
./autogen.sh
```

不管在何种版本的 tslib 下执行 autogen.sh，如果没有安装 automake 工具，都会出现以下提示：

```
./autogen.sh: 4: ./autogen.sh: autoreconf: not found
```

用下面的命令安装好 automake 工具就可以了。

```
sudo apt-get install autoconf automake libtool
```

（3）配置安装参数，可按照自己的实际情况进行参数的增减和修改。

```
./configure --prefix=/usr/local/tslib/ --host=arm-linux ac_cv_func_malloc_0_nonnull=yes
```

注：--prefix=/usr/local/tslib/代表安装的目录。

（4）编译并安装。

命令如下：

```
make
make install
```

2. 安装 Qt-4.7.3（-embedded arm）

（1）以下两种方法选择其一安装 Qt-4.7.3。

1）将上次解压的 qt-everywhere-opensource-src-4.7.3 文件删除后重新解压 qt-everywhere-opensource-src-4.7.3.tar.gz，并进入文件内。

2）因上次安装 X11 环境的 Qt 已经解压过 qt-everywhere-opensource-src-4.7.3.tar.gz，可直接进入该文件，但必须清除上次的 make 配置，运行如下命令：

```
make confclean
```

（2）配置安装参数，可按照自己的实际情况进行参数的增减和修改。

如果有问题，请参考：

http://blog.csdn.net/liuqiqi677/article/details/6616755

```
./configure -opensource -embedded arm -host-little-endian -no-cups -no-3dnow -nomake examples -nomake demos -nomake docs -xplatform qws/linux-arm-g++ -qt-libtiff -qt-libmng -qt-mouse-tslib-qt-mouse-pc-no-mouse-linuxtp-I/usr/local/tslib/include -L /usr/local/tslib/lib –prefix=/安装目录
```

注意：可以输入“-prefix=/安装目录”。本次不输入，按默认位置。

出现以下信息提示表示配置成功：

```
Qt is now configured for building. Just run 'make'.Once everything is built, you must run 'make install'.Qt will be installed into /usr/local/Trolltech/QtEmbedded-4.7.3-arm to reconfigure, run 'make confclean' and 'configure'.
```

（3）编译并安装。

命令如下：

```
make
```

耐心等待两个半小时左右，执行如下命令：

```
make install
```

安装完毕，在/usr/local/Trolltech/里创建了 QtEmbedded-4.7.3-arm 文件夹。以后在编译嵌入式程序 qmake 时使用本文件夹中的 qmake。

安装 Qt-4.7.3（-embedded arm）还可以使用以下方法：

直接执行 qt-everywhere-opensource-src-4.7.3 文件下的 build-all 脚本。

```
./build-all
```

编译时可能会提示以下错误：

```
/lib/libQtGui.so: undefined reference to 'ts_read_raw'
/lib/libQtGui.so: undefined reference to 'ts_open'
/lib/libQtGui.so: undefined reference to 'ts_fd'
/lib/libQtGui.so: undefined reference to 'ts_config'
/lib/libQtGui.so: undefined reference to 'ts_close'
/lib/libQtGui.so: undefined reference to 'ts_read'
```

解决办法：

修改/mkspecs/qws/linux-arm-g++/qmake.conf 文件（添加 lts 参数）：

```
QMAKE_CC        = arm-linux-gcc -lts
QMAKE_CXX           = arm-linux-g++ -lts
QMAKE_LINK        = arm-linux-g++ -lts
QMAKE_LINK_SHLIB        = arm-linux-g++ -lts
```

3. 测试 ARM 端的 Qt

到目前为止，已经建立了 ARM 端的 Qt。现在使用最早编写的 welcome 程序进行 ARM 端的编译与运行。

进入 welcome 所在目录/Desktop，命令如下：

```
cd /root/Desktop
```

复制目录 welcome 为 welcome-arm，命令如下：

```
cp -r welcome welcome-arm
```

进入 welcome-arm 目录，将不需要的文件用 rm 一一删除，只留 welcome.cpp 源文件。然后分别输入以下两条命令进行编译前的处理：

```
/usr/local/Trolltech/QtEmbedded-4.7.3-arm/bin/qmake -project
/usr/local/Trolltech/QtEmbedded-4.7.3-arm/bin/qmake
```

目前文件有：

```
makefile welcome-arm.pro welcome.cpp
```

进行编译：

```
make
```

出现错误提示，关键内容如下：

```
warning: libts-0.0.so.0, needed by /usr/local/Trolltech/QtEmbedded-4.7.3-arm/lib/libQtGui.so, not found
(try using -rpath or -rpath-link)
```

阅读错误提示后了解到在进行/usr/local/Trolltech/QtEmbedded-4.7.3-arm/lib/libQtGui.so 时要调用的 libts-0.0.so.0 文件没有找到。

处理办法：

（1）按如图 2-116 所示方法在计算机中查找 libts-0.0.so.0 文件。

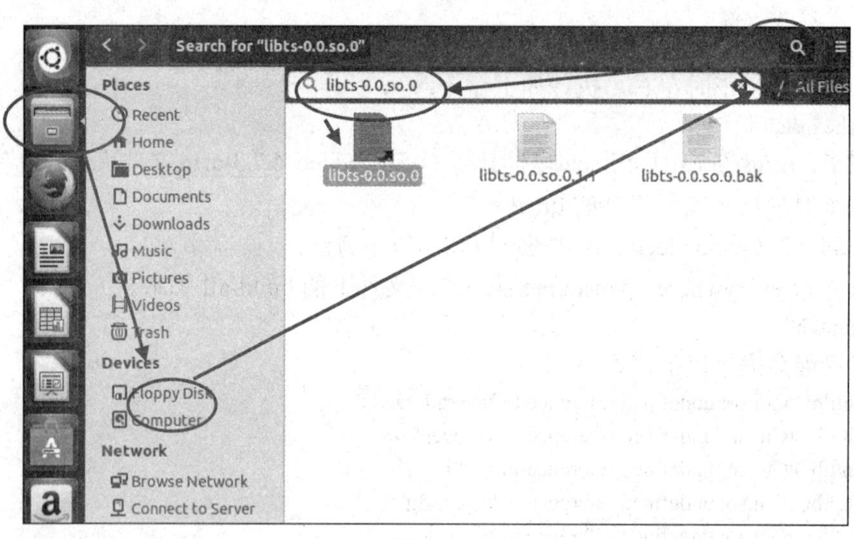

图 2-116

（2）查看文件 libts-0.0.so.0 的属性，右击该文件，在弹出的菜单栏中选择 Properties 命令，如图 2-117 所示。

如图 2-116 所示，该文件的类型为链接型，链接目标是 libts-0.0.so.0.1.1。关闭图 2-117 所示的窗口，在搜索窗口中找到 libts-0.0.so.0.1.1 文件（该文件实际在/usr/local/tslib/lib 目录中），复制该文件。

1）在图形窗口找到 use/local/Trolltech/QtEmbedded-4.7.3-arm/lib 文件夹。将之前复制的文件粘贴在此处。

2）将 libts-0.0.so.0.1.1 重命名为 libts-0.0.so.0，关闭文件夹。

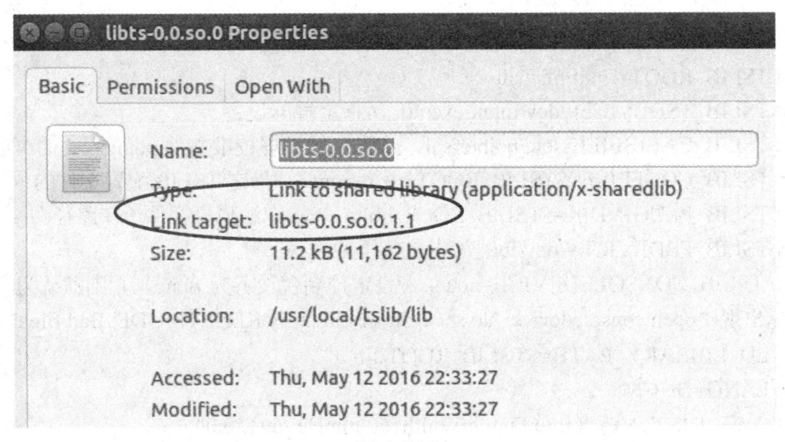

图 2-117

注意：按此方法处理可能会出现不同错误提示。

经过以上处理，不出意外重新编译（运行 make）后，得到可执行文件 welcome-arm。

注意：如果在 PC 端运行该执行文件，会出现以下错误：

bash: ./welcome-arm: cannot execute binary file: Exec format error

原因：该文件是 ARM 端运行的。

此时，可将 welcome-arm 复制到 A8 信息机的 SD 卡中运行。

以下为在 Up-tech 开发板调试运行 welcome-arm 的过程。如果有困难，可不进行。

（1）用串口线连接好主机与开发板（带触摸屏）并将开发板上电，用网线将开发板与主机连接好。

（2）按“Ctrl+T”组合键新建一个终端，输入 minicom（如果串口被占用，则重新启动虚拟机）。

（3）等到开发板启动成功出现提示符后使用“ifconfig eth0 IP 地址/24”为开发板设置一个与主机（虚拟机）同网段的 IP 地址。

（4）利用前边讲到的有关 NFS 知识，将 root 挂载到开发板。其中挂载命令如下：

```
mount -t nfs -o nolock 192.168.0.5:/root    /mnt/nfs
```

注：192.168.0.5 是宿主机的 IP 地址，/root 是宿主机的 NFS 目录，/mnt/nfs 是开发板挂载目录（事先存在或建立）。

（5）在开发板终端找到 welcome-arm 所在目录并进入目录。

```
cd /mnt/nfs//Desktop/welcome-arm/
```

（6）输入以下命令运行它：

```
./welcome-arm
```

若出现以下错误：

./welcome-arm: error while loading shared libraries: libQtGui.so.4: cannot open shared object file: No such file or directory

这是因为，开发板运行环境还没有建立，程序运行时找不到所需文件。

（7）测试触摸屏及 Qt/E 程序。

1）在宿主机中将已经编译的 tslib 目录（在/usr/local 中）复制到/root/Desktop 目录中。命令如下：

```
cp /usr/local/tslib /root/Desktop/ -arf
```

2）在开发端设置环境变量，分别输入以下命令：

export TSLIB_ROOT=/mnt/nfs/tslib
export TSLIB_TSDEVICE=/dev/input/event0 //指定触屏设备
export TSLIB_CALIBFILE=/etc/pointercal //指定触摸屏校准文件 pointercal 的存放位置
export TSLIB_CONFFILE=$TSLIB_ROOT/etc/ts.conf //指定 TSLIB 配置文件的位置
export TSLIB_PLUGINDIR=$TSLIB_ROOT/lib/ts //指定触摸屏插件所在路径
export TSLIB_FBDEVICE=/dev/fb0 //指定帧缓冲设备
export TSLIB_CONSOLEDEVICE=none //设定控制台设备为 none，否则默认为 /dev/tty，这样可以避免出现“open consoledevice: No such file or directory KDSETMODE: Bad file descriptor”的错误
export LD_LIBRARY_PATH=$TSLIB_ROOT/lib
export LANG=zh_CN
export QWS_DISPLAY="LinuxFb:mmWidth160:mmHeight120:0"

另外，要确保在/dev/input/目录下有 event0 设备文件，在/dev/目录下有 fb0 设备文件，如果没有，在执行下面./ts_calibrate 的时候，会报出 open *: No such file or directory 的错误，这时需要手动创建设备文件，命令如下：

```
# mknod /dev/input/event0 c 13 64
# mknod /dev/fb0 c 29 0
```

3）执行触摸屏校准程序，命令如下：

```
cd /mnt/nfs/tslib/bin
./ts_calibrate
```

a）如果出现如下提示：

./ts_calibrate: error while loading shared libraries: libgcc_s.so.1: cannot open shared object file: No such file or directory

解决办法：

在主机中复制/root/arm-2009q3/arm-none-linux-gnueabi/libc/lib 中的 libgcc_s.so.1 到/root/Desktop/tslib/lib 中，命令如下：

```
cp /root/arm-2009q3/arm-none-linux-gnueabi/libc/lib/libgcc_s.so.1 /root/Desktop/tslib/lib
```

b）如果出现：

./ts_calibrate: /lib/libc.so.6: version 'GLIBC_2.4' not found (required by ./ts_calibrate)
./ts_calibrate: /lib/libdl.so.2: version 'GLIBC_2.4' not found (required by /mnt/nfs/tslib/lib/libts-0.0.so.0)
./ts_calibrate: /lib/libc.so.6: version 'GLIBC_2.4' not found (required by /mnt/nfs/tslib/lib/libts-0.0.so.0)
./ts_calibrate: /lib/libc.so.6: version 'GLIBC_2.4' not found (required by /mnt/nfs/tslib/lib/libgcc_s.so.1)

解决办法：

- 在主机中复制/root/arm-2009q3/arm-none-linux-gnueabi/libc/lib 中的 libdl-2.10.1.so 到/root/Desktop/tslib/lib 中。命令如下：

```
cp /root/arm-2009q3/arm-none-linux-gnueabi/libc/lib/libdl-2.10.1.so /root/Desktop/tslib/lib
```

复制后将该文件名改为 libdl.so.2，命令如下：

```
cd /root/Desktop/tslib/lib
mv libdl-2.10.1.so libdl.so.2
```

- 在主机中复制/root/arm-2009q3/arm-none-linux-gnueabi/libc/lib 中的 libc-2.10.1.so 到/root/Desktop/tslib/lib 中，命令如下：

```
cp /root/arm-2009q3/arm-none-linux-gnueabi/libc/lib/libc-2.10.1.so /root/Desktop/tslib/lib
```

复制后将该文件名改为 libc.so.6，命令如下：

```
mv libc-2.10.1.so libc.so.6
```

（8）进入目录/mnt/nfs/welcome-arm 并运行。命令如下：

```
./welcome-arm
```

1）如果出现如下错误：

```
error while loading shared libraries: libQtGui.so.4: cannot open shared object file: No such file or directory
```

解决办法：

将主机/usr/local/Trolltech/QtEmbedded-4.7.3-arm/lib 中的 libQtGui.so.4.7.3 复制到/root/Desktop/tslib/lib 中，并将其更名为 libQtGui.so.4。

2）如果出现以下错误：

```
libQtNetwork.so.4: cannot open shared object file
```

解决办法：

将主机/usr/local/Trolltech/QtEmbedded-4.7.3-arm/lib 中的 libQtNetwork.so.4.7.3 复制到/root/Desktop/tslib/lib，并将其更名为 libQtNetwork.so.4。

3）如果出现以下错误：

```
libQtCore.so.4: cannot open shared object file
```

解决办法：

将主机/usr/local/Trolltech/QtEmbedded-4.7.3-arm/lib 中的 libQtCore.so.4.7.3 复制到/root/Desktop/tslib/lib，并将其更名为 libQtCore.so.4。

4）如果出现以下错误：

```
libstdc++.so.6: cannot open shared object file
```

解决办法：

将主机/root/arm-2009q3/arm-none-linux-gnueabi/libc/usr/lib 中的 libstdc++.so.6.0.12 复制到/root/Desktop/tslib/lib 中，并将其更名为 libstdc++.so.6。

2.8.7 Qt Embedded 4.7.3 添加到 Qt Creator

（1）启动 Qt Creator 后，单击 Tools→Build & Run→QT Versions 选项，添加一个新版本，名称为 Qt 4.7.3（QtEmbedded-4.7.3-arm），其对应的 qmake 在/usr/local/Trolltech/QtEmbedded-4.7.3-arm/bin 中，单击“应用”按钮。

（2）在 Kits 中添加一个新套件，名称为 embQt-4.7.3，其对应的 Qt version 一定要选上一步建立的 Qt 4.7.3（QtEmbedded-4.7.3-arm），再单击“确定”按钮。

第三单元　基于 Qt Creator 的 C++应用开发

3.1　Qt 应用基础

请自行学习 Qt-C++相关知识。

3.2　建立 HelloWorld 应用程序

1. 实验目的

- 掌握嵌入式 Linux 网关 Qt Creator 的简单使用。
- 为后面使用 Qt Creator 工具开发应用程序做铺垫。

2. 实验方法和步骤

（1）选择 File 菜单下的 New File or Project 命令，如图 3-1 所示。

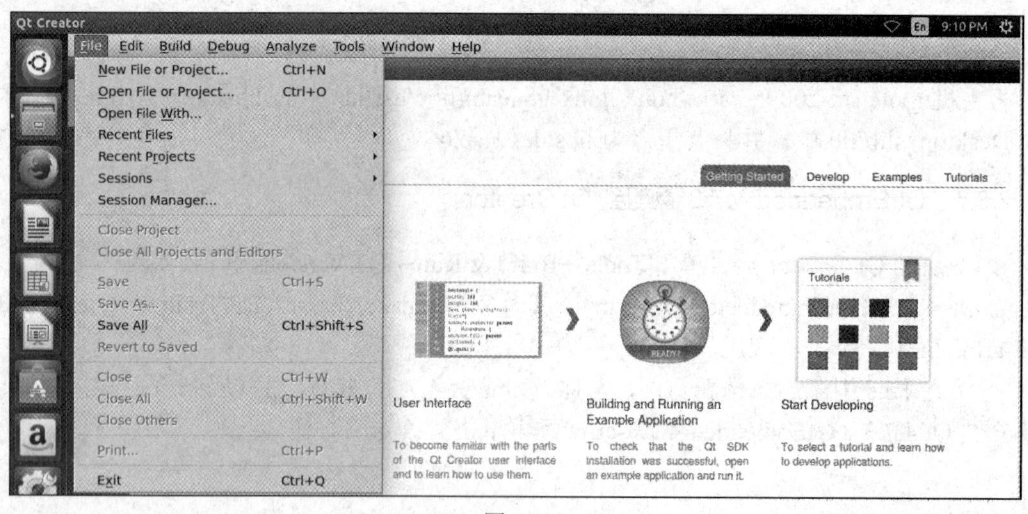

图 3-1

（2）如图 3-2 所示，单击 Choose 按钮。

（3）如图 3-3 所示，项目存放在/root/Desktop 目录下，名称为 untitled。请按实际修改这两个参数，其中，项目名称最好改为 HelloWorld，以便与本训练同调。设定完成后单击 Next 按钮。

（4）如图 3-4 所示，选择 Debug 和 Release 路径。如果不改变即直接单击 Next 按钮。

（5）如图 3-5 所示为类名、基类名、头文件名以及主程序名和 UI 界面名。如果不改变，则单击 Next 按钮。

（6）如图 3-6 所示是本工程设置概要，直接单击 Finish 按钮。

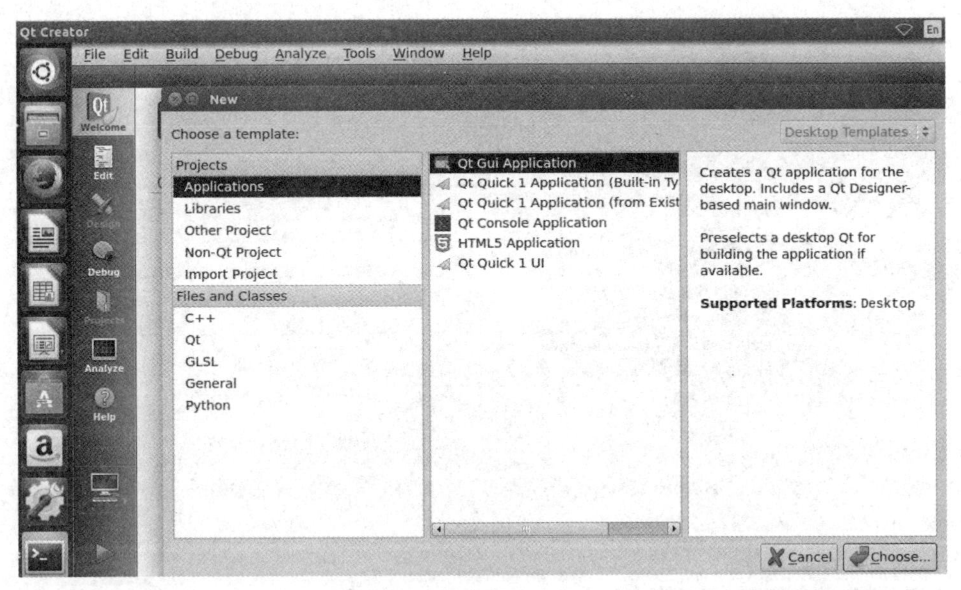
Qt Creator
File Edit Build Debug Analyze Tools Window Help
New
Choose a template:
Desktop Templates
Projects
Applications
Libraries
Other Project
Non-Qt Project
Import Project
Files and Classes
C++
Qt
GLSL
General
Python
Qt Gui Application
Qt Quick 1 Application (Built-in Ty
Qt Quick 1 Application (from Exist
Qt Console Application
HTML5 Application
Qt Quick 1 UI
Creates a Qt application for the desktop. Includes a Qt Designer-based main window.
Preselects a desktop Qt for building the application if available.
Supported Platforms: Desktop
Welcome
Edit
Debug
Analyze
Help
Cancel
Choose...

图 3-2

Qt Gui Application
Introduction and Project Location
Location
Kits
Details
Summary
This wizard generates a Qt GUI application project. The application derives by default from QApplication and includes an empty widget.
Name: untitled
Create in: /root/Desktop
Browse...
Use as default project location
Next >
Cancel

图 3-3

Qt Gui Application
Kit Selection
Location
Kits
Details
Summary
Qt Creator can use the following kits for project HelloWorld:
x11Qt-4.7.3
Details
Debug /root/Desktop/build-HelloWorld-x11Qt_4_7_3-Debug
Browse...
Release /root/Desktop/build-HelloWorld-x11Qt_4_7_3-Release
Browse...
< Back
Next >
Cancel

图 3-4

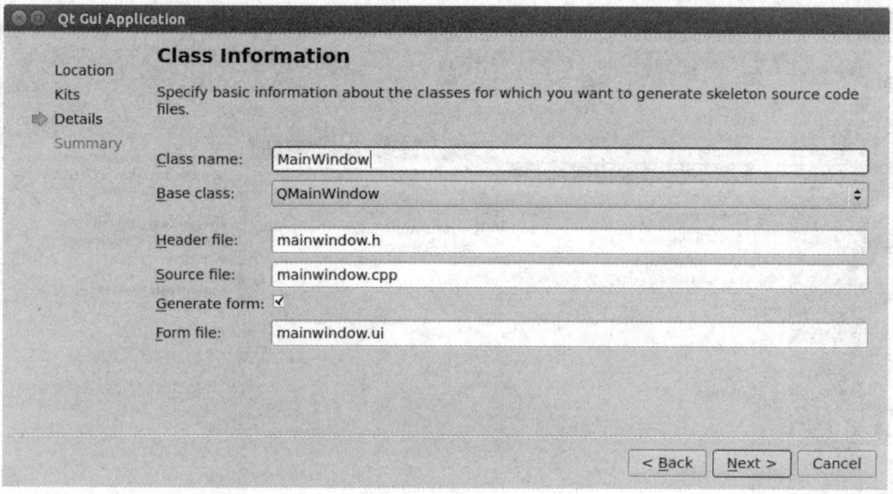

Qt Gui Application

Location
Kits
Details
Summary

Class Information

Specify basic information about the classes for which you want to generate skeleton source code files.

Class name: MainWindow
Base class: QMainWindow
Header file: mainwindow.h
Source file: mainwindow.cpp
Generate form: ✓
Form file: mainwindow.ui

< Back Next > Cancel

图 3-5

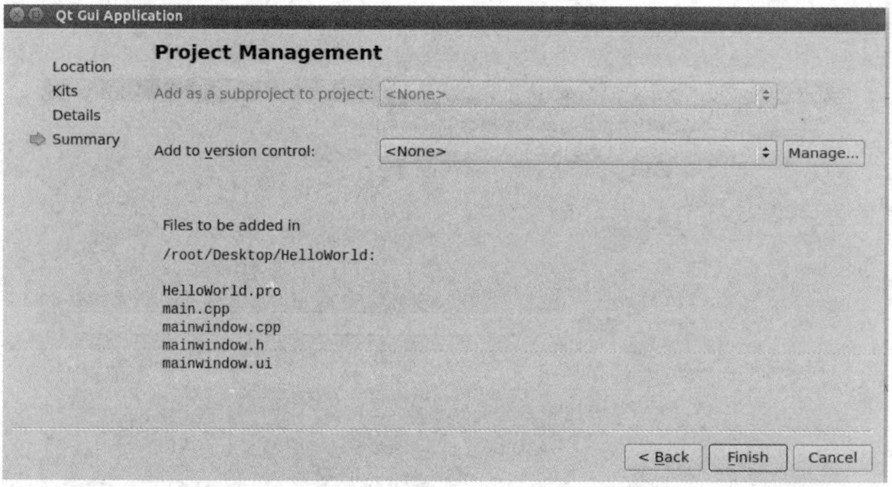

Qt Gui Application

Location
Kits
Details
Summary

Project Management

Add as a subproject to project: <None>
Add to version control: <None> Manage...

Files to be added in

/root/Desktop/HelloWorld:

HelloWorld.pro
main.cpp
mainwindow.cpp
mainwindow.h
mainwindow.ui

< Back Finish Cancel

图 3-6

（7）项目建立完成，如图 3-7 所示。

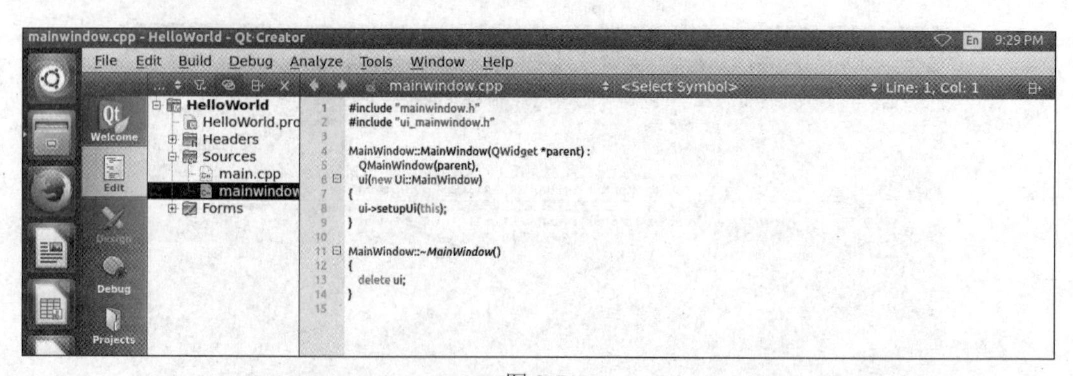

图 3-7

（8）对窗口布局进行手工调整。

1）拖动分隔条，使左侧导航内容能全部可见。

2）依次单击左侧导航目录前的“+”号，使所有目录展开。调整后结果如图 3-8 所示。

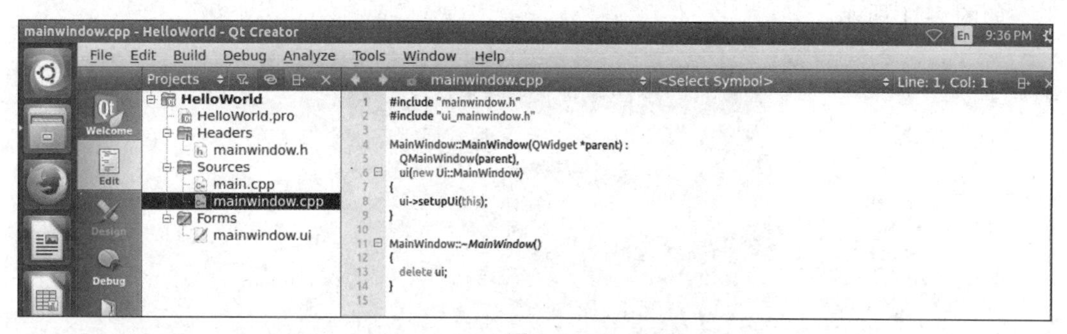

图 3-8

（9）双击导航窗口中的 mainwindow.ui，如图 3-9 所示。

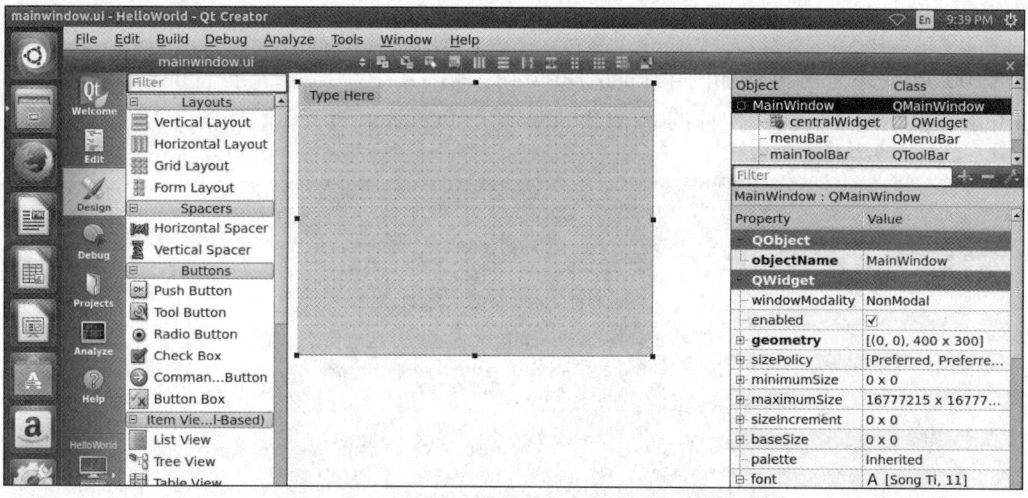

图 3-9

将左侧的 Push Button（按钮控件）拖到中间的工作区（UI 界面），并在右侧属性中找到 objectName，其值是 PushButton（在程序中的变量名），将其值改为 PushButton_show，如图 3-10 所示。

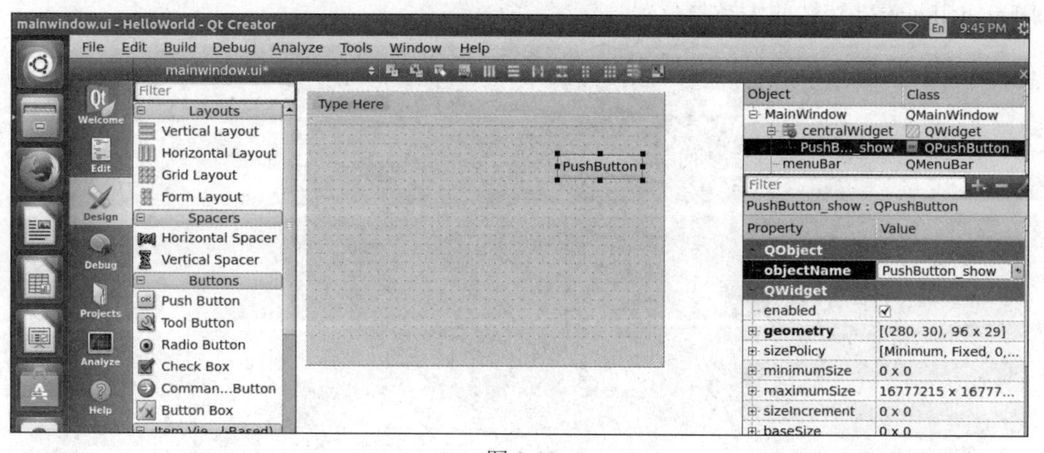

图 3-10

双击 UI 界面中的 Push Button 控件，将文字改为“显示”（即本控件的 text 属性值为“显示”)，如图 3-11 所示。

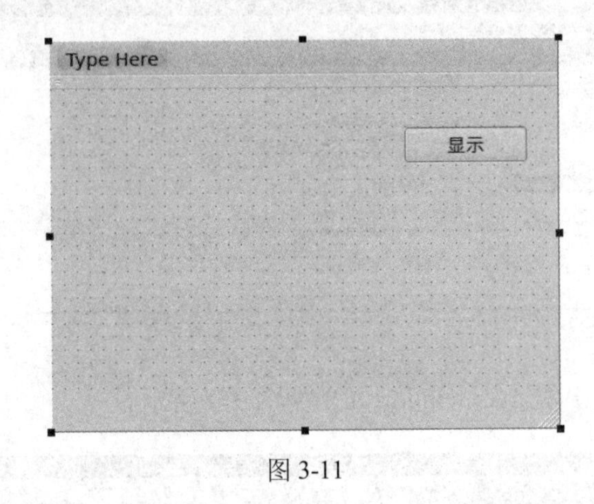

图 3-11

（10）按上述方法再增加两个 Push Button 控件，其中，“隐藏”控件的 objectName 值是 PushButton_show，“退出”控件的 objectName 值是 PushButton_exit，如图 3-12 所示。

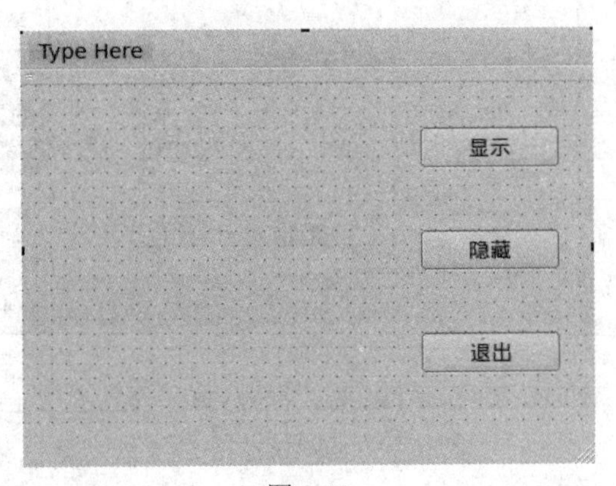

图 3-12

（11）如图 3-13 所示，在左侧找到 Label 控件，将其拖入到 UI 界面中的适当位置，修改其 objectName 值为 label_helloworld，在 UI 界面中双击它，输入“你好，世界!”。根据情况调整 label_helloworld 控件的大小与位置。

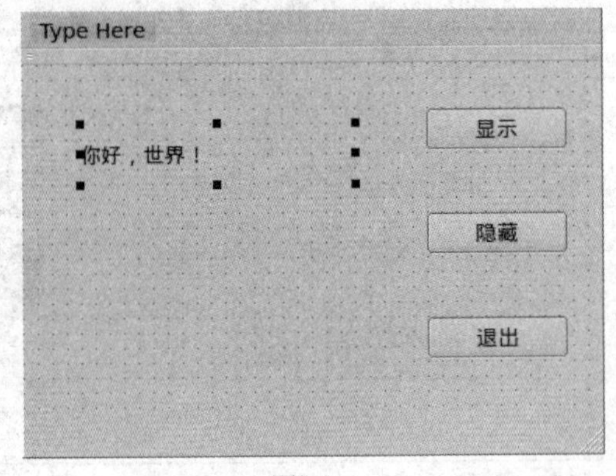

图 3-13

（12）在左侧找到 Text Browser 控件，将其拖入 UI 界面中，调整大小和位置。将其 objectName 值改为 textBrowser_readme，如图 3-14 所示。

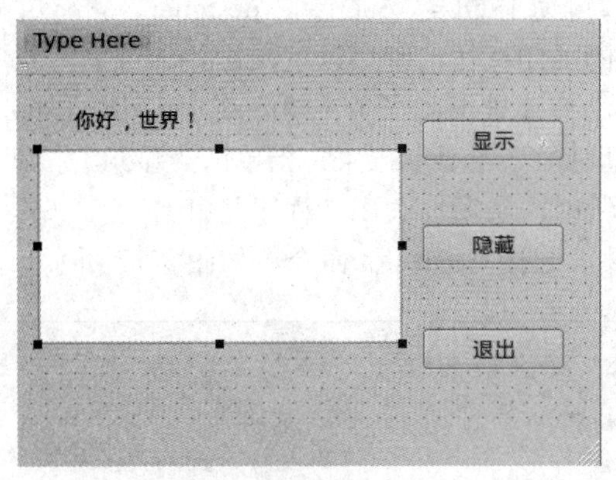

图 3-14

（13）再增加一个 Push Button 控件，将其 objectName 值改为 pushButton_showreadme，将其 text 属性值改为“单击查看自述”，调整大小与位置，如图 3-15 所示。

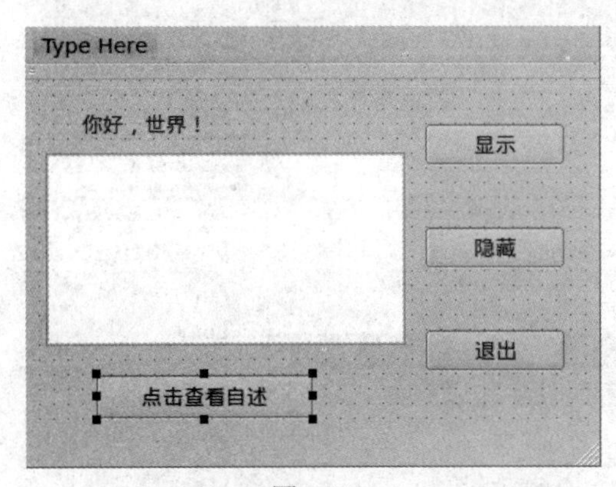

图 3-15

（14）现在，可以测试一下 UI 界面效果。单击左下角的“运行”按钮，运行效果如图 3-16 所示。

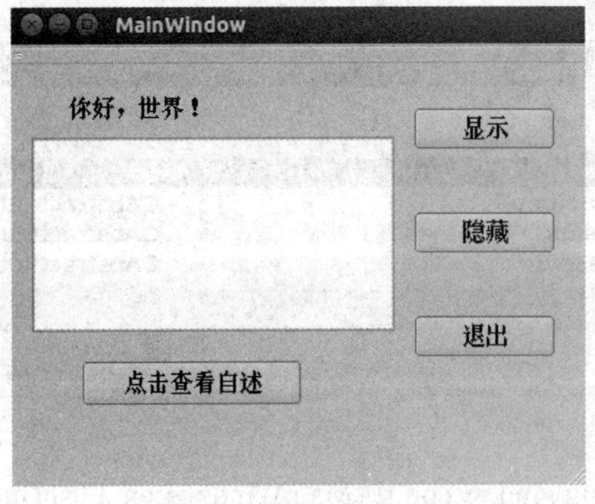

图 3-16

不过，现在单击任何按钮，都没有反应。因为，到目前为止，还没有对这些按钮进行槽连接。

关于 UI 界面的设计，可使用 Qt-4.7.3 自带的 designer，它有更强的功能。

单击运行窗口左上角的关闭按钮，继续以下操作。

（15）为各按钮设定动作连接槽。当单击“隐藏”按钮时，label_helloworld 便隐藏不显示，即窗口中的“你好，世界！”不显示出来；当单击“显示”按钮时，“你好，世界！”显示出来；当单击“退出”按钮时，主窗口关闭（程序结束）。

1）右击“显示”控件，选择 Go to slot 命令，如图 3-17 所示。

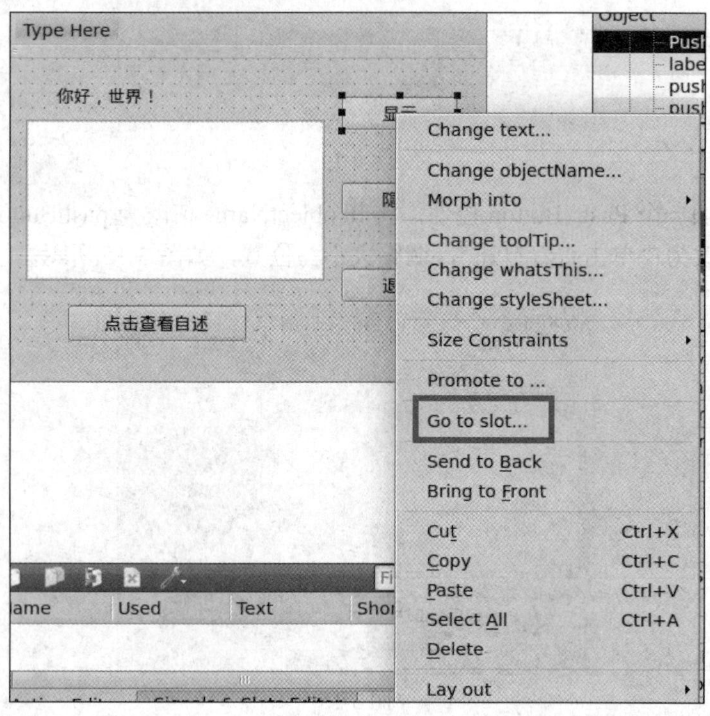

图 3-17

2）如图 3-18 所示，根据需要，选择按键单击的类型，这里选择第一项 clicked()的类型。单击 OK 按钮继续。

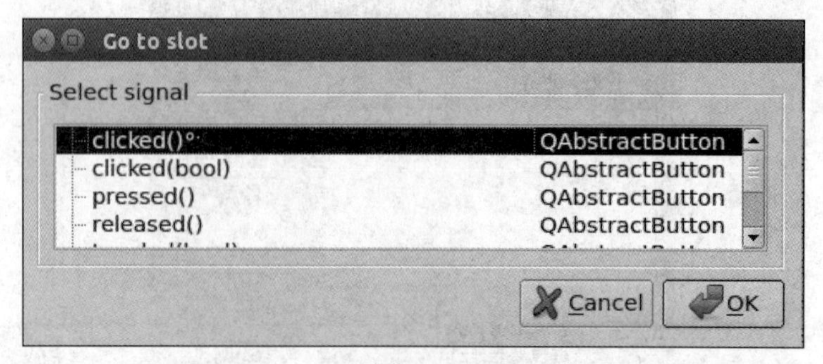

图 3-18

3）UI 界面跳转到 mainwindow.cpp 中 MainWindow::on_PushButton_show_clicked()的响应函数中，编辑代码如图 3-19 所示。

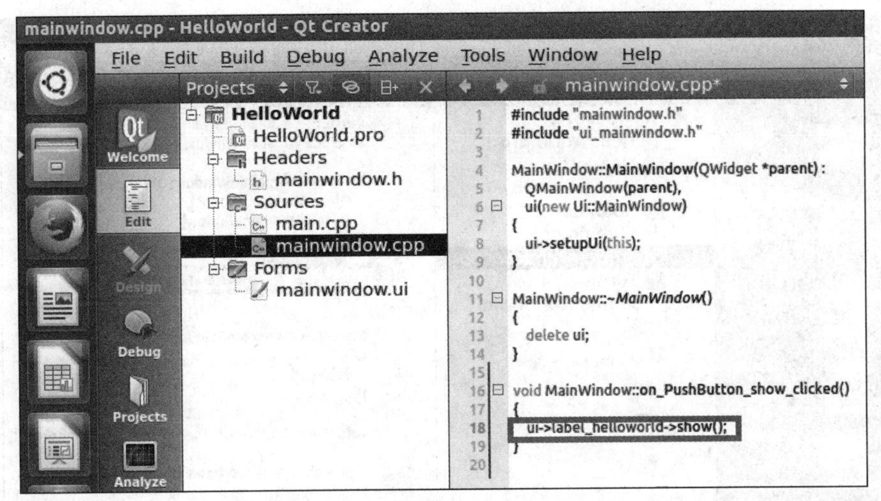

图 3-19

4）双击左侧的 mainwindow.ui 返回到 UI 界面，使用相同的方法分别为“隐藏”按钮和“退出”按钮设置槽连接。其中，“隐藏”按钮对应的槽函数是“ui->label_helloworld->hide();”，“退出”按钮对应的槽函数是“close();”。完整程序代码如图 3-20 所示。

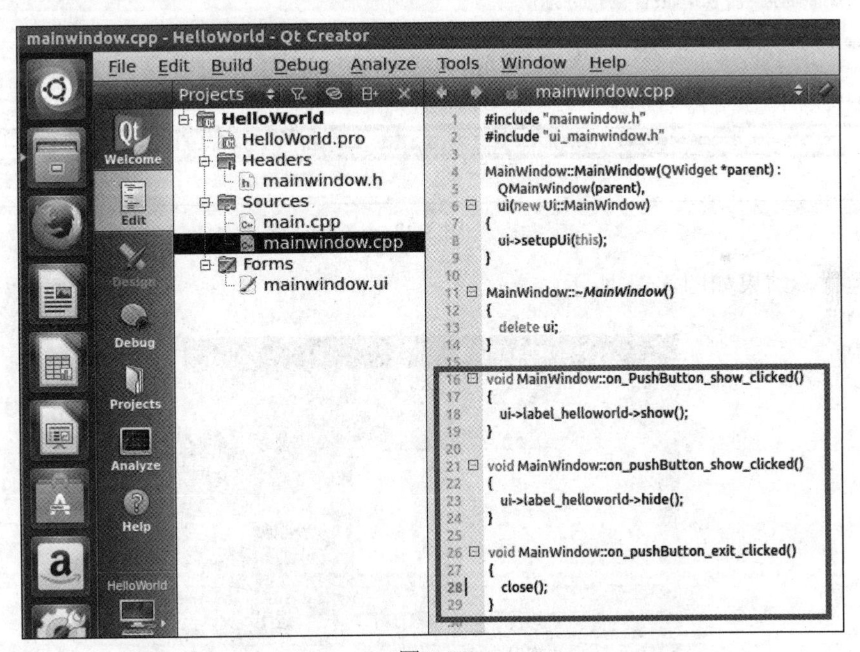

图 3-20

现在，可以再测试一下效果。单击“退出”按钮后，继续以下操作。

（16）设置 label_helloworld 一开始为隐藏（即程序运行后“你好，世界！”这句话不显示出来）。请参考图 3-21 添加代码。

现在，运行一下试试效果。

（17）为“单击查看自述”按钮设置信号与槽函数，并在程序中设置具体汉字文本。双击左侧的 mainwindow.ui 返回到 UI 界面，右击其中的“单击查看自述”控件，用上述设置槽函数的方法为其编写具体响应函数。函数如图 3-22 所示。

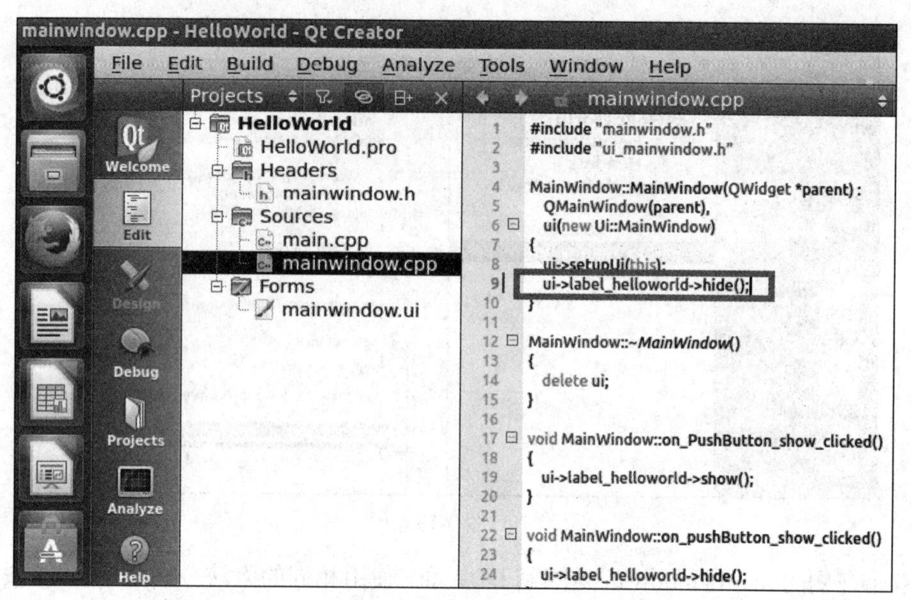

图 3-21

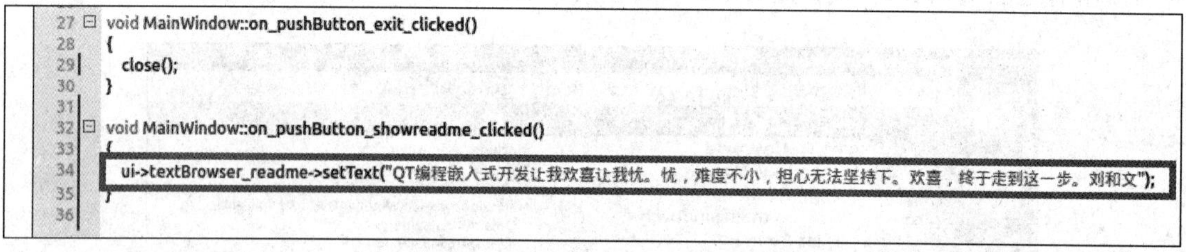

```
27 void MainWindow::on_pushButton_exit_clicked()
28 {
29     close();
30 }
31
32 void MainWindow::on_pushButton_showreadme_clicked()
33 {
34     ui->textBrowser_readme->setText("QT编程嵌入式开发让我欢喜让我忧。忧，难度不小，担心无法坚持下。欢喜，终于走到这一步。刘和文");
35 }
36
```

图 3-22

现在运行，结果如图 3-23 所示。

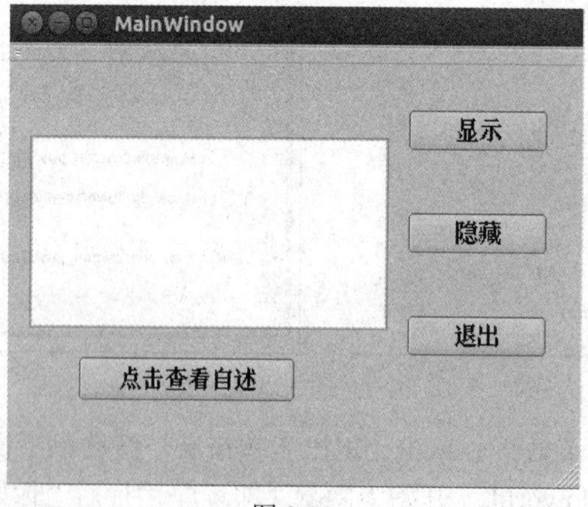

图 3-23

单击“单击查看自述”按钮后，结果如图 3-24 所示。

（18）上一步的运行结果中，如果汉字显示乱码，按以下内容进行处理。主要添加代码如下：

1）在主函数（main.cpp）中作如图 3-25 所示处理。

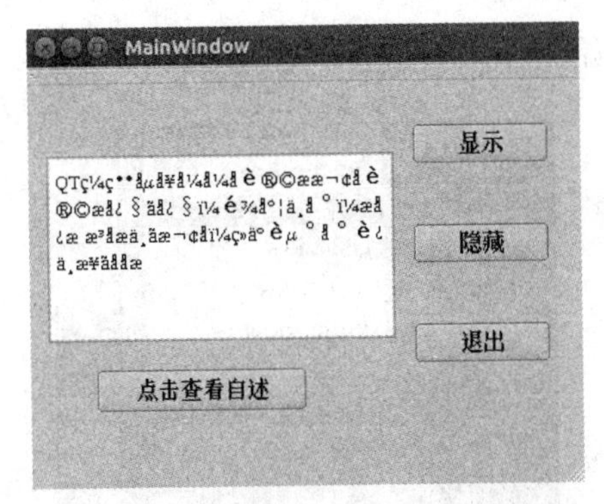

图 3-24

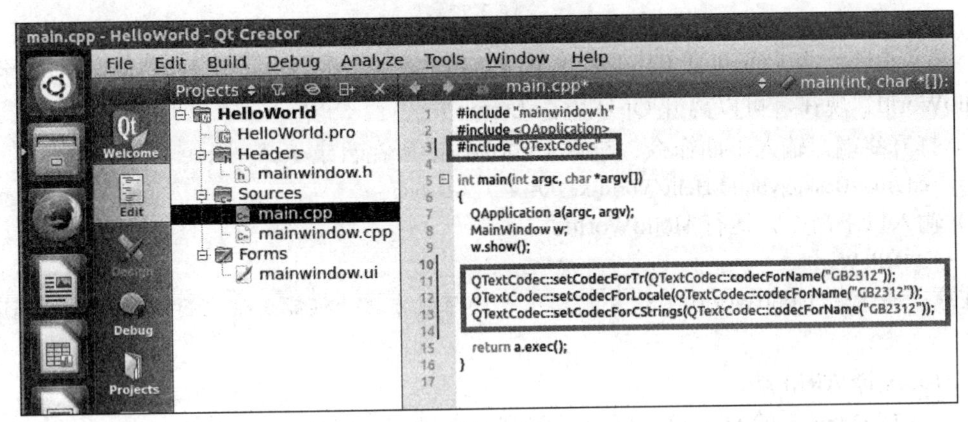

图 3-25

程序代码如下：

```
#include "QTextCodec"
QTextCodec::setCodecForTr(QTextCodec::codecForName("GB2312"));
QTextCodec::setCodecForLocale(QTextCodec::codecForName("GB2312"));
QTextCodec::setCodecForCStrings(QTextCodec::codecForName("GB2312"));
```

注：有可能不需要作这样的处理。

2）主窗口函数（mainwindow.cpp）在汉字处加上 QString::fromUtf8。完整句子如下：

```
ui->textBrowser_readme->setText(QString::fromUtf8("QT 编程嵌入式开发让我欢喜让我忧。忧，难度不小，担心无法坚持下去。欢喜，终于走到这一步。刘和文"));
```

经上述两步处理后，运行后显示正常，结果如图 3-26 所示。

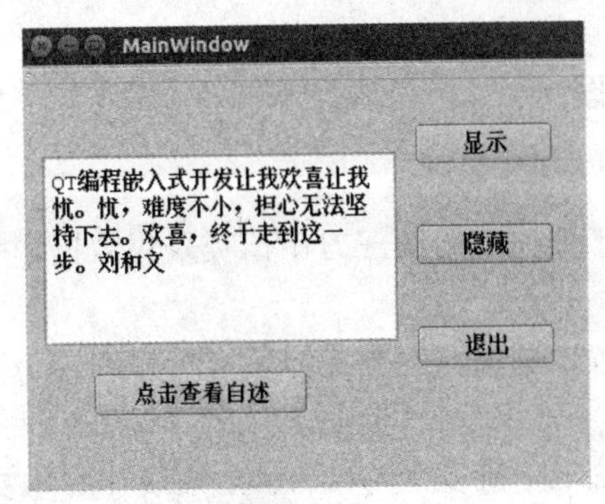

图 3-26

（19）编辑完成后，开始编译，如图 3-27 所示。

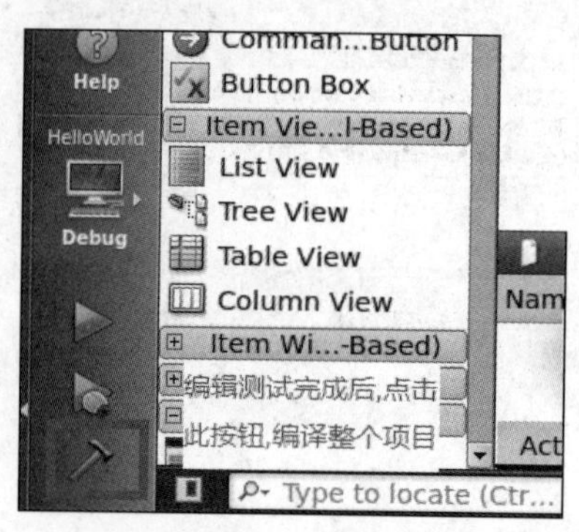

图 3-27

（20）编译完成，Qt 生成 build-HelloWorld-x11Qt_4_7_3-Debug 目录，其中包含可执行文件 HelloWorld。现在，可以离开 Qt 环境在 Linux 下运行。

1）打开终端，输入下面命令，进入 HelloWorld 所在目录

```
cd /root/Desktop/build-HelloWorld-x11Qt_4_7_3-Debug
```

2）输入以下命令，运行 HelloWorld。

```
./ HelloWorld
```

注意：将上述 HelloWorld 单独复制到系统任何地方，一样能正常运行，但不能在 ARM 端运行。

（21）编译 ARM 端。

将/root/Desktop 下的 HelloWorld 目录复制一份并改名为 HelloWorld-arm，在终端进入该目录，运行以下命令进行编译：

```
/usr/local/Trolltech/QtEmbedded-4.7.3-arm/bin/qmake -project
/usr/local/Trolltech/QtEmbedded-4.7.3-arm/bin/qmake
make
```

现在，可以将 HelloWorld-arm 目录下的 HelloWorld-arm 可执行文件复制到 A8 信息机运行。

如果已经在 Qt Creator 添加了 QtEmbedded-4.7.3-arm 的套件，则新建项目时要选定这个套件，编译时可在“工程设置”中设置 QtEmbedded 直接产生 build-QtEmbedded 相关目录和文件。

3.3 串口数据采集

3.3.1 串口数据采集原理

1. 实验目的

通过本实验的学习，熟悉如何使用第三方串口类采集数据。

2. 实验内容

使用第三方串口类采集串口数据，在界面显示解析好的各个字段数据。

3. 实验设备

（1）在用户 Ubuntu 系统上正确安装 Qt Creator 集成开发环境。

（2）A8 信息机一个（包含 SD 卡、读卡器）。

（3）可燃气体传感器一个（可随意选择其他节点），协调器一个。

（4）5V 电源三个。

4. 实验原理

实验原理流程如图 3-28 所示。

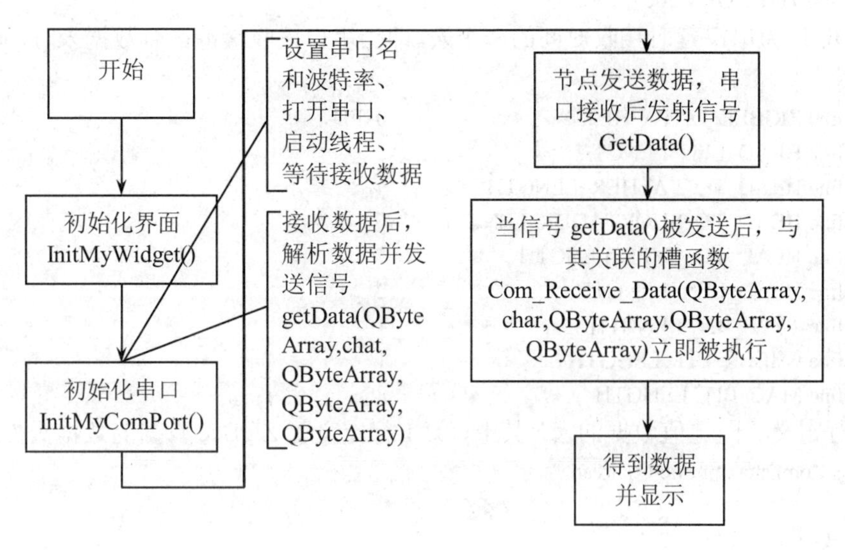

图 3-28

3.3.2 串口类简介

所有试验程序都是调用第三方串口设置类，其中包含五个文件：qextserialport.h、qextserialport_global.h、qextserialport_p.h、qextserialport.cpp 和 qextserialport_unix.cpp，根据实际 A8 的串口特性以及数据格式，定制自己的串口接收发送类。

文件下载地址：

http://Sourceforge.net/projects/qextserialport/files/

串口接收数据有两种方式：一种是事件驱动方式 EventDriven，另一种是查询方式 Polling。

事件驱动方式 EventDriven 就是使用事件处理串口数据的读取，一旦有数据到来，就会发出 readyRead()信号，我们可以关联该信号来读取串口的数据。在事件驱动方式下，串口数据的读写是异步的，调用读写函数会立即返回，它们不会冻结调用线程。

而查询方式 Polling 则不同，读写函数是同步执行的，信号不能工作在这种模式下，而且有些功能也无法实现。但是这种模式下的开销较小。我们需要自己建立定时器来读取串口的数据。

在构造函数中设置串口类信息，由于 A8 的主要串口数据收发口为 ttySAC0，所以我们首先要判断这个文件是否存在，再新建串口类、设置串口信息，以读写的方式打开串口，以事件驱动方式接收串口数据，在设置波特率为 38400 等信息后，连接读取数据的槽函数。

com_data.h 如下：

```
#ifndef COM_DATA_H
#define COM_DATA_H
#include <QFile>
```

```
#include <QObject>
#include <QDebug>
#include <QList>
#include <QThread>
#include "qextserial/qextserialport.h"
#include "task_process.h"
#define TIME_OUT 500
```

TIME_OUT 为串口延时接收时间的一个宏，即当串口接收缓冲区有数据来时，延时 500ms 将数据取出来。

```
#define ZIGBEE_DATA_HEAD                 0xFD
#define HEAD_LEN_LENGTH                  2
#define HEAD_TO_FATHER_LENGTH            4
#define HEAD_TO_SHORTADDR_LENGTH         6
#define HEAD_TO_TYPE_LENGTH              7
#define HEAD_LEN_LENGTH                  2
#define TYPE_BIT_LENGTH                  1
#define CHECK_BIT_LENGTH                 1
#define MAC_BIT_LENGTH                   8
```

上述 9 行定义了固定值数据的宏，其中，第 1 行定义了 ZigBee 数据的数据头（为 0xFD）。

```
class ComData : public QThread
{
    Q_OBJECT
public:
    explicit ComData(QObject *parent = 0);
    ~ComData();
    void setComPort(QString portName,QString baudRate,QString dataBits,QString parity,QString
stopBits);
    void setComPort(QString portName,QString baudRate);
    bool openComPort();
    void stop();
    class TaskProcess *myThreadTask;
    void sendComData(QByteArray data);
private:
    QextSerialPort *myCom;
    QString portName;       //串口名
    QString baudRate;       //波特率
    QString dataBits;       //数据位
    QString parity;         //校验位
    QString stopBits;       //停止位
    QByteArray comByte;
    volatile bool stopped;
private:
    void InitThreadTask();
    int Get_ComLength();              //获取串口缓冲区的长度
    QByteArray ReadOneByte();         //读取一个字节
    void ReadAll_ComData();           //读取所有字节
    bool Find_Head();                 //查找数据头
```

```
        void Remove_Choice(int );           //移除列表里面多个内容
        void freeMemory();
    private slots:
        void receiveCom();
        void writeComData(QByteArray);
    protected:
        void run();
    signals:
        // 整条数据长度 数据类型 短地址 数据数值 MAC 地址
        void getData(QByteArray ,char ,QByteArray ,QByteArray ,QByteArray);
    };
    #endif // COM_DATA_H
```

创建 ComData 类，该类继承 QThread 线程类，线程的作用主要是拆分已经读取到的数据，将数据拆分出整条数据长度、数据类型、短地址、数据数值、MAC 地址并以信号的形式发送出去。

该类中 setComPort()函数存在两个重载函数，分别有 QString portName 和 QString baudRate 参数（即 portName 为端口号，baudRate 为波特率），而第一个 setComPort()多出 3 个变量 QString dataBits、QString parity、QString stopBits（即 dataBits 为数据位，parity 为校验位，stopBits 为停止位），第二个 setComPort 为固定的模式，openComPort()函数为打开已经设置好的串口，返回值为布尔类型。

TaskProcess 类主要为发送串口数据类，下面会作解释。

void getData(QByteArray,char,QByteArray,QByteArray,QByteArray);为发送已拆分数据的信号，便于外部接收。

comdata.cpp 代码如下：

```
    #include "com_data.h"
    ComData::ComData(QObject *parent) :
        QThread(parent)
    {
        myCom = NULL;
        stopped = false;
        InitThreadTask();
    }
```

初始化线程停止标志 stopped 为 false，初始化线程发送函数的代码如下所示：

```
    ComData::~ComData()
    {
        freeMemory();
    }
    void ComData::InitThreadTask()
    {
        myThreadTask = new TaskProcess;
        myThreadTask->start();
        connect(myThreadTask,SIGNAL(dealTask(QByteArray)),
            this,SLOT(writeComData(QByteArray)));
    }
```

分配给串口发送线程类空间，运行该线程，将需要发送的任务传递给该串口发送线程类。

```
/*********************************
 *名称：设置串口函数
 *内容：串口名称，波特率，数据位，校验位，停止位
 *********************************/
void ComData::setComPort(QString portName,QString baudRate,QString dataBits,QString parity,QString stopBits)
{
    this->portName = portName;
    this->baudRate = baudRate;
    this->dataBits = dataBits;
    this->parity = parity;
    this->stopBits = stopBits;
}
/*********************************
 *名称：设置串口函数
 *内容：串口名称，波特率
 *********************************/
void ComData::setComPort(QString portName, QString baudRate)
{
    this->portName = portName;
    this->baudRate = baudRate;
    this->dataBits = "8";
    this->parity = "0";
    this->stopBits = "0";
}
```

两个 setComPort()重载函数的同样参数为串口名和波特率，不同参数为数据位、校验位和停止位，第二个函数为默认变量，数据位赋值为 8、校验位为 0、停止位为 0。

```
/*********************************
 *名称：打开串口函数
 *********************************/
bool ComData::openComPort()
{
    qDebug(portName.toLatin1());
    qDebug(baudRate.toLatin1());
    qDebug(dataBits.toLatin1());
    qDebug(parity.toLatin1());
    qDebug(stopBits.toLatin1());
    //设置串口名称
    myCom = new QextSerialPort("/dev/"+this->portName);
    //设置信号/槽
    connect(myCom,SIGNAL(readyRead()),this,SLOT(receiveCom()));
    //设置波特率
    myCom->setBaudRate((BaudRateType)baudRate.toInt());
    //设置数据位
    myCom->setDataBits((DataBitsType)dataBits.toInt());
    //设置校验位
    switch(parity.toInt())
```

```
        {
            case 0: myCom->setParity(PAR_NONE);break;
            case 1: myCom->setParity(PAR_ODD);break;
            case 2: myCom->setParity(PAR_EVEN);break;
            default: myCom->setParity(PAR_NONE);qDebug("Parity : default !");break;
        }
        //设置停止位
        switch(stopBits.toInt())
        {
            case 0: myCom->setStopBits(STOP_1);break;
            case 1: /*myCom->setStopBits(STOP_1);*/break;
            case 2: myCom->setStopBits(STOP_2);break;
            default: myCom->setStopBits(STOP_1);qDebug("StopBits : default!");break;
        }
        //设置数据流控制
        myCom->setFlowControl(FLOW_OFF);
        //设置串口接收延时
        myCom->setTimeout(TIME_OUT);
        QFile file("/dev/"+this->portName);
        qDebug()<<"/dev/"+this->portName;
        if(file.exists())
        {
            if(myCom->open(QIODevice::ReadWrite))
            {
                //打开成功
                qDebug("The serial open device !");
                return true;
            }
            else
            {
                //打开失败
                qDebug("The serial device failed to open !");
                return false;
            }
        }
        else
        {
            //该串口设备不存在
            qDebug( "the serial device does not exist !");
            return false;
        }
    }
```

QextSerialPort 类创建 myCom 对象，readyRead()信号为事件驱动方式信号（即当有数据缓冲时，就触发信号），连接 receiveCom()槽函数来读取其中数据。

首先判断串口设备文件是否存在，如果文件存在，则以读写的方式打开串口，打开成功返回 true，打开失败返回 false。

```
    //线程停止
```

```
void ComData::stop()
{
    stopped = true;
}
```

stop()函数，改变线程终止标志。

```
//发送给串口数据
void ComData::sendComData(QByteArray data)
{
    myThreadTask->addTask(data);
}
```

sendComData(QByteArray data)函数将数据传给任务发送类。

```
//移除列表多个项
void ComData::Remove_Choice(int num)
{
    comByte.remove(0,num);
}
//线程函数
void ComData::run()
{
    qDebug()<<"In_Run";
    while(!stopped)
    {
        //找到数据头
        if(!Find_Head())
            continue;
        //长度符合定义否
        if(comByte.size() < HEAD_LEN_LENGTH)
            continue;
        //本条数据的总长度
        int lenBits = comByte.at(1);
        if(lenBits < MAC_BIT_LENGTH)
        {
            Remove_Choice(HEAD_LEN_LENGTH);
            continue;
        }
        int oneDataLength = HEAD_TO_SHORTADDR_LENGTH + lenBits;
        if(comByte.size() < oneDataLength )
            continue;
        int valueLength = lenBits - TYPE_BIT_LENGTH - CHECK_BIT_LENGTH - MAC_BIT_LENGTH;
        QByteArray oneData = comByte.mid(0,oneDataLength);
        QByteArray shortaddr = oneData.mid(HEAD_TO_FATHER_LENGTH,2);
        char type = oneData.mid(HEAD_TO_SHORTADDR_LENGTH,1).at(0);
        QByteArray value = oneData.mid(HEAD_TO_TYPE_LENGTH,valueLength);
        QByteArray macaddr = oneData.mid(HEAD_TO_TYPE_LENGTH + valueLength +
                             CHECK_BIT_LENGTH ,MAC_BIT_LENGTH);
        emit getData(oneData,type,shortaddr,value,macaddr);
        Remove_Choice(oneDataLength);
```

```
            qDebug("A Success Data.");
        }
    }
```

run()函数为线程运行函数，while(!stopped) 判断终止标志，否则一直运行，首先通过 Find_Head()函数查找数据头，然后获取第二位为数据长度，数据长度过小说明该条数据无效，通过数据长度获取整条 ZigBee 数据，然后分别计算出短地址、数据数值、MAC 地址信息。

```
//接收串口数据
void ComData::receiveCom()
{
    ReadAll_ComData();    //读取所有的数据
}
//获取当前缓冲区数据的长度
int ComData::Get_ComLength()
{
    return myCom->bytesAvailable();
}
//读取一个字节
QByteArray ComData::ReadOneByte()
{
    return myCom->read(1);
}
//读取缓冲区所有的数据
void ComData::ReadAll_ComData()
{
    int cLen = Get_ComLength();
    if(cLen > 0)
        comByte += myCom->readAll();
}
```

ReadAll_ComData()函数用于读取缓存区里面所有的数据内容，receiveCom()函数为当接收到 readyRead()信号的时候触发的槽函数，ReadOneByte()函数是读取一个字节的数据。

```
//查找数据表头
bool ComData::Find_Head()
{
    if( comByte.size() < 1 )
    {
        return false;
    }
    if(comByte.at(0) == 0xFD || comByte.at(0) == 0xFA)
    {
        return true;    //当前为数据表头
    }
    else
    {
        Remove_Choice(1);
        qDebug("Find head remove a data!");
        return false;
    }
}
```

判断数据头是不是 0xFD 或者 0xFA：如果是，表明当前是数据头，开始计算下面的数据内容；如果不是，从数组中移除这一个字节的数据。

```
void ComData::writeComData(QByteArray data)
{
    myCom->write(data);
}
```

writeComData(QByteArray data)函数用于向串口发送数据。

```
//关闭串口函数，主要是关闭 myCom
void ComData::freeMemory()
{
    myCom->close();
    delete myCom;

    myThreadTask->stop();
    delete myThreadTask;
}
```

清空指针控件，关闭串口，删除串口对象指针，关闭发送串口数据线程，删除该线程指针。

简单的任务处理机制如下：

task_process.h 代码如下所示：

```
#ifndef TASK_PROCESS_H
#define TASK_PROCESS_H
#include <QObject>
#include <QThread>
#include <QTime>
#include <QDebug>
#define TASK_TIME_OUT           750
#define SLEEP_A_TIME            10
```

TASK_TIME_OUT 为连续向串口发送数据的延时，这边定义为 750ms，当没有数据发送时，SLEEP_A_TIME 线程会睡眠一段时间，约为 10ms。

```
class TaskProcess : public QThread
{
    Q_OBJECT
public:
    explicit TaskProcess(QObject *parent = 0);
    ~TaskProcess();
    void stop();
    void addTask(QByteArray );
private:
    QTime time;  //计算线程所用时间
    bool stopped;
    QList<QByteArray> myList;
    void freeMemory();
protected:
    void run();
signals:
    void dealTask(QByteArray );
```

```
};
#endif // TASK_PROCESS_H
```

myList 中存放需要发送的数据任务，当 myList 中存在多个数据任务时，线程计算时间，当延时 750ms 时，TaskProcess 向 ComData 类发送 dealTask(QByteArray)信号，向串口发送数据。

```
task_process.cpp
#include "task_process.h"
TaskProcess::TaskProcess(QObject *parent) :
    QThread(parent)
{
    stopped = false;
}
TaskProcess::~TaskProcess()
{
    freeMemory();
}
/************************************
 1*首先建立任务类
 2*加载任务消息
 3*处理任务（当前为处理任务机制）
 ************************************/
void TaskProcess::run()
{
    qDebug("Task Thread Start !");
    while(!stopped)
    {
        if(!myList.isEmpty())    //判断队列是否为空
        {
            qDebug("Processing a task");
            emit dealTask(myList.at(0));
            myList.removeFirst();
            msleep(TASK_TIME_OUT);   //睡眠 xxms
        }
        else
            msleep(SLEEP_A_TIME);
    }
}
```

该线程中首先判断 myList 队列中是否有数据，若有数据，将数据以信号的形式发送给 ComData 类处理，移除第一条数据，延时一段时间，再次判断有无数据，若无数据，延时一小段时间再次判断。

```
//线程停止函数
void TaskProcess::stop()
{
    stopped = true;
}
void TaskProcess::addTask(QByteArray byte)
{
    myList.append(byte);
}
```

addTask(QByteArray byte) 函数是将 byte 数据添加到 myList 列表中。

```
void TaskProcess::freeMemory()
{
    this->stop();
}
```

3.3.3 串口数据采集开发步骤

1. 打开虚拟机，进入 Ubuntu 系统（如图 3-29 所示）

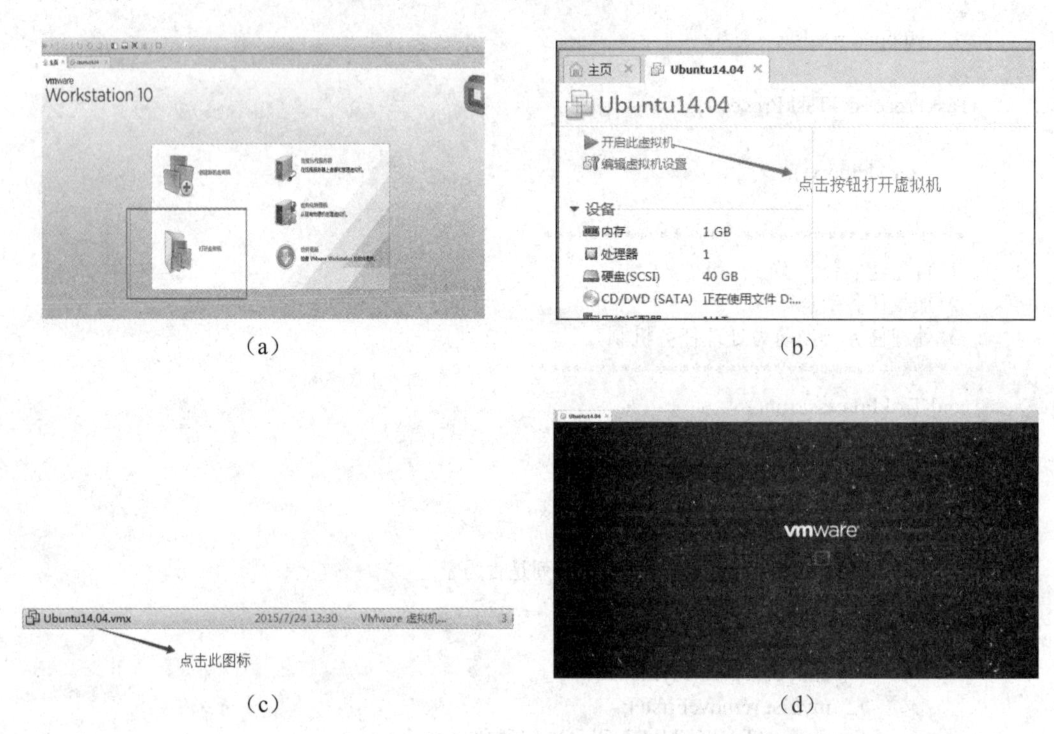

（a） （b）

（c） （d）

图 3-29

2. 启动 Qt，选择新建项目，然后选择 Qt Gui Application 项（如图 3-30 所示）。

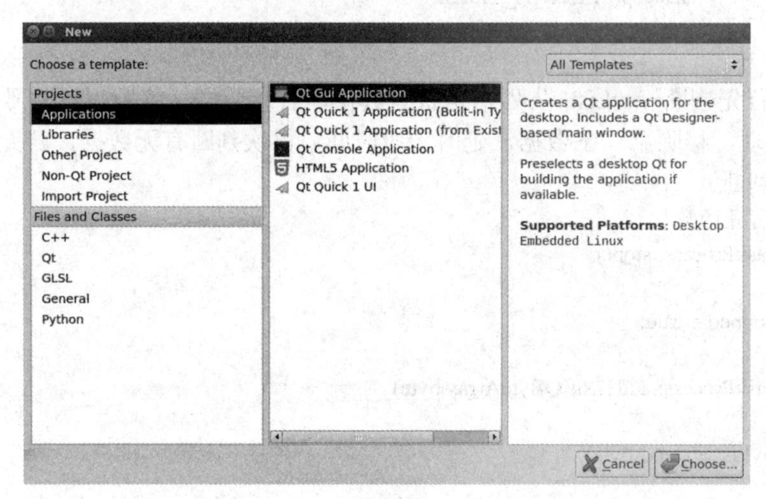

图 3-30

接着选择项目所在位置并创建项目名称，如图 3-31 所示。

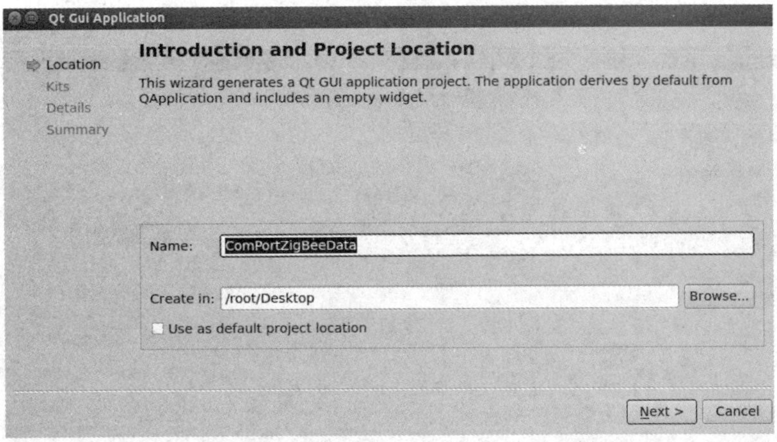

Qt Gui Application

Location
Kits
Details
Summary

Introduction and Project Location

This wizard generates a Qt GUI application project. The application derives by default from QApplication and includes an empty widget.

Name: ComPortZigBeeData

Create in: /root/Desktop　Browse...

Use as default project location

Next >　Cancel

图 3-31

然后选择配置套件，如图 3-32 所示。

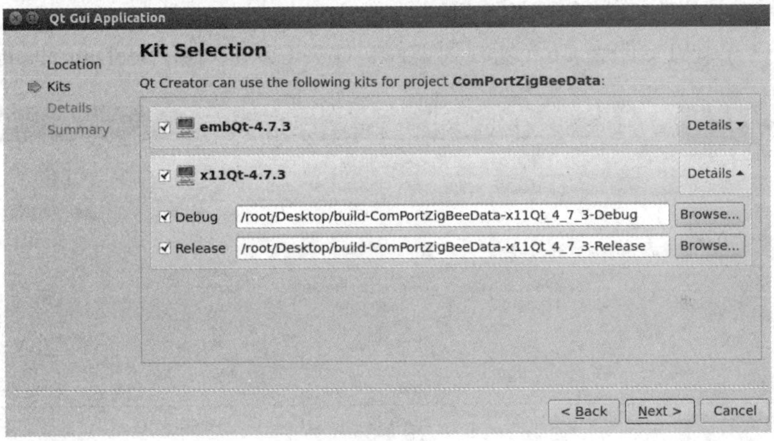

Qt Gui Application

Location
Kits
Details
Summary

Kit Selection

Qt Creator can use the following kits for project **ComPortZigBeeData**:

embQt-4.7.3　Details

x11Qt-4.7.3　Details

Debug　/root/Desktop/build-ComPortZigBeeData-x11Qt_4_7_3-Debug　Browse...

Release　/root/Desktop/build-ComPortZigBeeData-x11Qt_4_7_3-Release　Browse...

< Back　Next >　Cancel

图 3-32

创建类名，如图 3-33 所示。

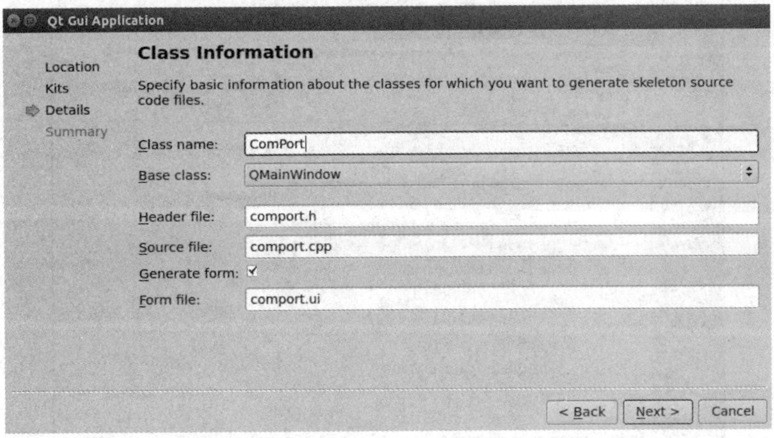

Qt Gui Application

Location
Kits
Details
Summary

Class Information

Specify basic information about the classes for which you want to generate skeleton source code files.

Class name: ComPort

Base class: QMainWindow

Header file: comport.h

Source file: comport.cpp

Generate form:

Form file: comport.ui

< Back　Next >　Cancel

图 3-33

工程创建概述如图 3-34 所示，若需修改则单击 Back 按钮，否则单击 Finish 按钮，完成项目创建。

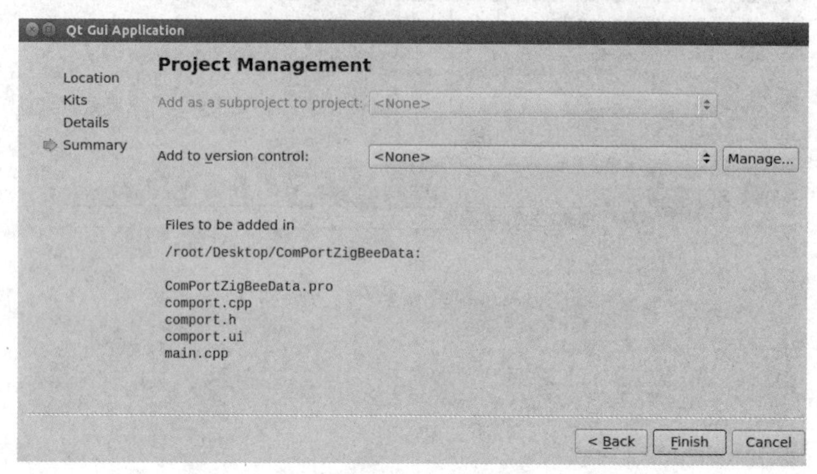

图 3-34

3. 添加第三方串口文件到项目

首先将第三方串口文件夹 Com 复制到工程文件夹 ComPortZigBeeData 里，如图 3-35 所示。

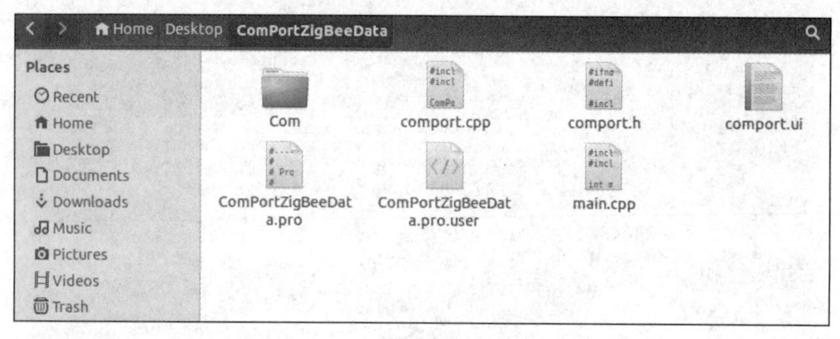

图 3-35

然后在项目名上右击，选择 Add Existing Files...（添加现有文件）命令，如图 3-36 所示。

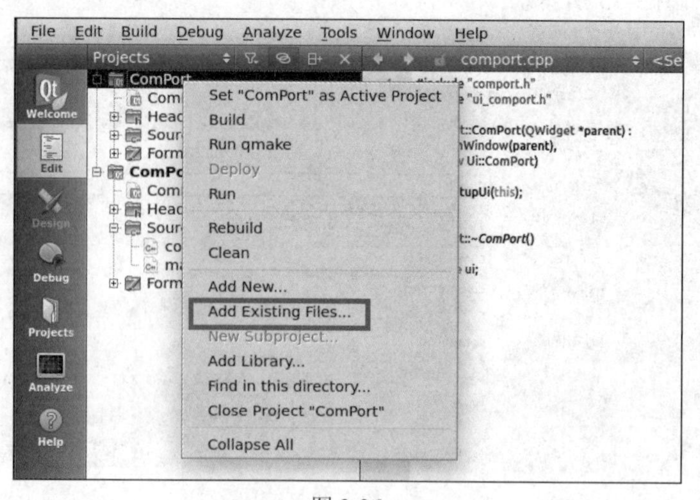

图 3-36

找到串口文件所在文件夹，在文件夹 Com 下添加 4 个文件，如图 3-37 所示。

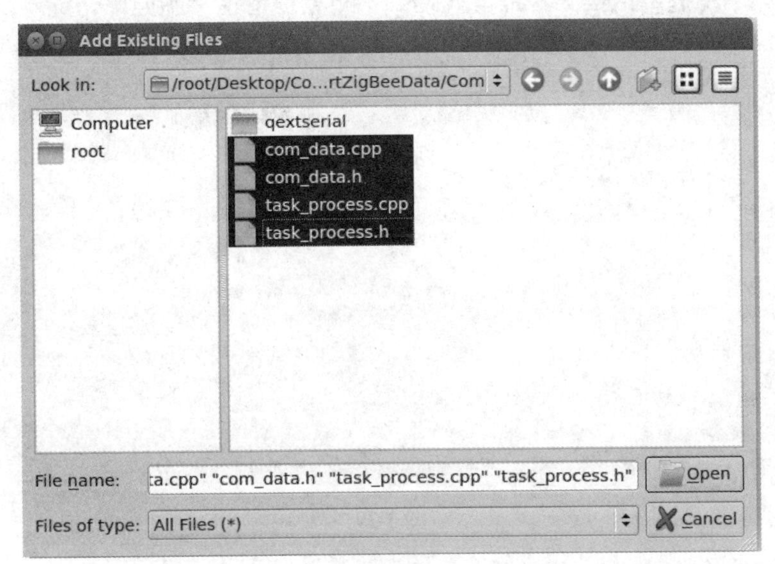

图 3-37

再到 Com/qextserial 目录下添加 5 个文件，如图 3-38 所示。

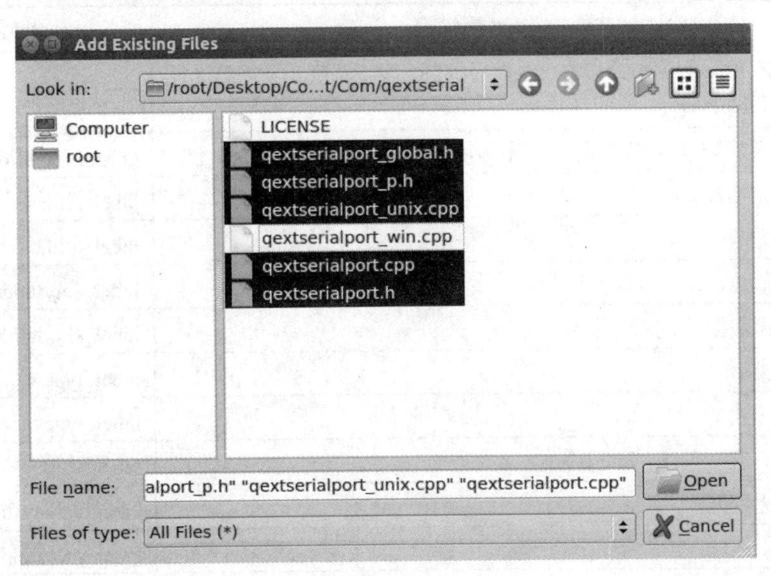

图 3-38

4. 完善代码

上述步骤完成后就可以设计 UI 界面和填充代码了。

UI 界面如图 3-39 所示（800:480）。

将界面中各控件的 objectName 属性进行修改。修改原则：控制类型_含义_[作用]。例如：

“完整数据”是指一条完整的数据，其 objectName 就应该定义为 label_onedata，“完整数据”后的“无数据”是用于显示完整数据（一条数据）的，其初始值为“无数据”，一旦有数据后就会显示真实数据，所以，这个控件的作用是显示具体的一条数据，其 objectName 就应该定义为 label_onedata_show。

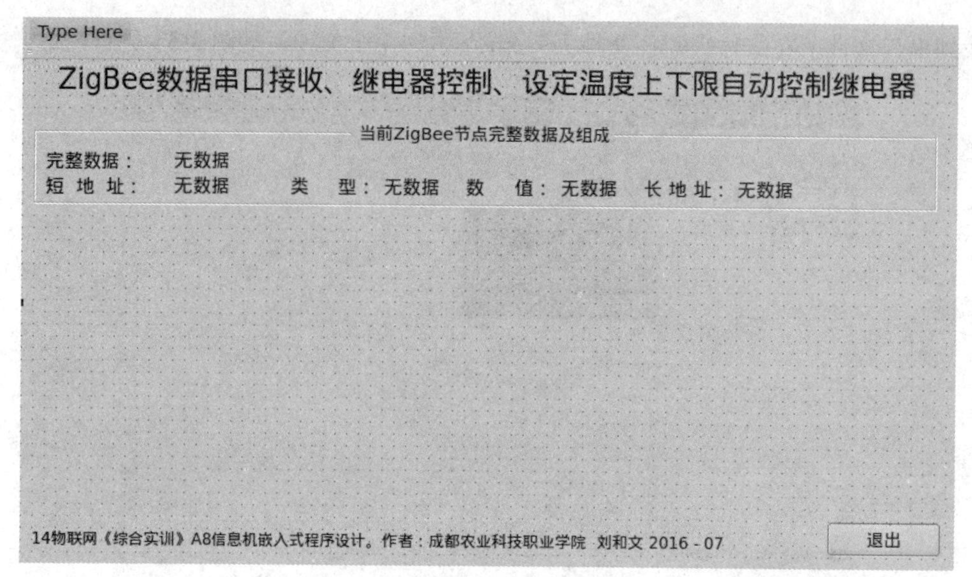

图 3-39

界面中各控件的类型、text 属性值、objectName 属性值如表 3-1 所示。

表 3-1

控件类型	text 属性值	objectName 属性值
label	ZigBee 数据串口接收、继电器控制、设定温度上下限自动控制继电器	label_title
groupBox	当前 ZigBee 节点完整数据及组成	groupBox_alldata
label	完整数据：	label_alldata
label	无数据	label_alldata_show
label	短地址：	label_shortaddr
label	无数据	label_shortaddr_show
label	类型：	label_type
label	无数据	label_type_show
label	数值：	label_value
label	无数据	label_value_show
label	长地址：	label_macaddr
label	无数据	label_macaddr_show
label	14 物联网《综合实训》A8 信息机嵌入式程序设计。作者：成都农业科技职业学院　刘和文　2016－07	label_author_show
pushButton	退出	pushButton_exit

界面设计好后，就可以编写代码了。大致思路是：首先需要实例化一个串口类对象，然后打开串口，开启串口线程，等待接收到有效数据后就解析数据，得到结果。下面是关键代码清单。

comport.h 头文件修改如图 3-40 所示（黑框处）。

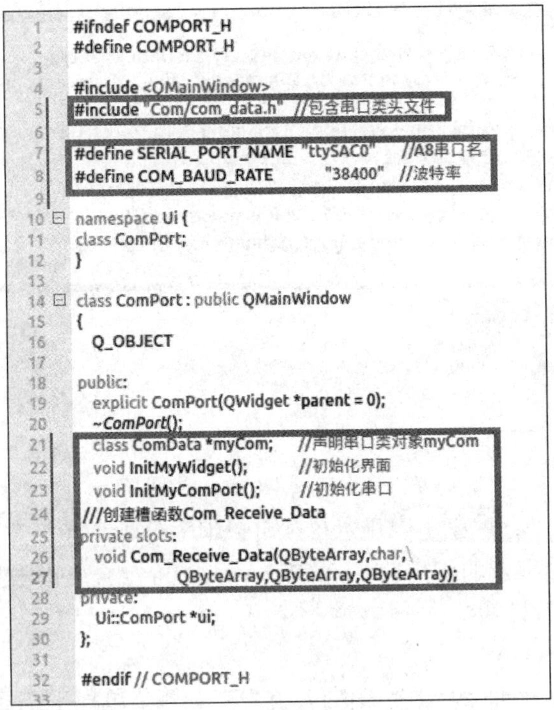

```
1   #ifndef COMPORT_H
2   #define COMPORT_H
3
4   #include <QMainWindow>
5   #include "Com/com_data.h"  //包含串口类头文件
6
7   #define SERIAL_PORT_NAME  "ttySAC0"    //A8串口名
8   #define COM_BAUD_RATE          "38400"    //波特率
9
10  namespace Ui {
11  class ComPort;
12  }
13
14  class ComPort : public QMainWindow
15  {
16      Q_OBJECT
17
18  public:
19      explicit ComPort(QWidget *parent = 0);
20      ~ComPort();
21      class ComData *myCom;      //声明串口类对象myCom
22      void InitMyWidget();         //初始化界面
23      void InitMyComPort();        //初始化串口
24  ///创建槽函数Com_Receive_Data
25  private slots:
26      void Com_Receive_Data(QByteArray,char,\
27                  QByteArray,QByteArray,QByteArray);
28  private:
29      Ui::ComPort *ui;
30  };
31
32  #endif // COMPORT_H
33
```

图 3-40

comport.cpp 源文件修改，如图 3-41 所示（黑框处）。

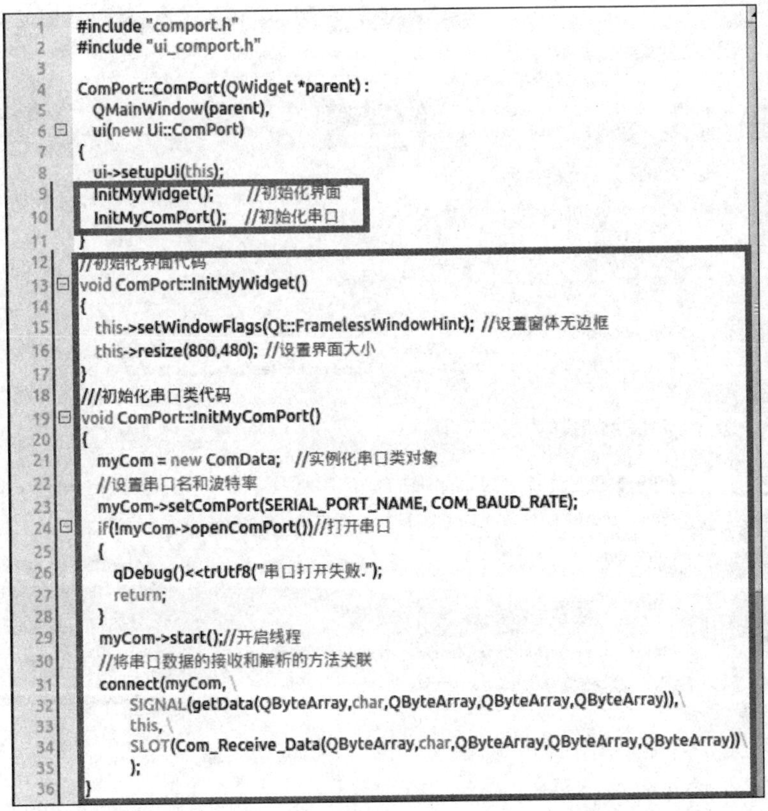

```
1   #include "comport.h"
2   #include "ui_comport.h"
3
4   ComPort::ComPort(QWidget *parent) :
5       QMainWindow(parent),
6       ui(new Ui::ComPort)
7   {
8       ui->setupUi(this);
9       InitMyWidget();      //初始化界面
10      InitMyComPort();    //初始化串口
11  }
12  //初始化界面代码
13  void ComPort::InitMyWidget()
14  {
15      this->setWindowFlags(Qt::FramelessWindowHint); //设置窗体无边框
16      this->resize(800,480); //设置界面大小
17  }
18  ///初始化串口类代码
19  void ComPort::InitMyComPort()
20  {
21      myCom = new ComData;  //实例化串口类对象
22      //设置串口名和波特率
23      myCom->setComPort(SERIAL_PORT_NAME, COM_BAUD_RATE);
24      if(!myCom->openComPort())//打开串口
25      {
26          qDebug()<<trUtf8("串口打开失败.");
27          return;
28      }
29      myCom->start();//开启线程
30      //将串口数据的接收和解析的方法关联
31      connect(myCom, \
32          SIGNAL(getData(QByteArray,char,QByteArray,QByteArray,QByteArray)),\
33          this,\
34          SLOT(Com_Receive_Data(QByteArray,char,QByteArray,QByteArray,QByteArray))\
35          );
36  }
```

图 3-41

```
37  ///处理接收到的串口数据
38  void ComPort::Com_Receive_Data(QByteArray oneData, char type, \
39                  QByteArray shortaddr, QByteArray value, QByteArray macaddr)
40  {
41      ui->label_onedata_show->setText(QString(oneData.toHex()));       //显示整条数据
42      ui->label_type_show->setText(QString(type));                     //显示节点类型
43      ui->label_shortaddr_show->setText(QString(shortaddr.toHex()));   //显示短地址
44      ui->label_value_show->setText(QString(value.toHex()));           //显示数值
45      ui->label_macaddr_show->setText(QString(macaddr.toHex()));       //显示长地址
46  }
47
48  ComPort::~ComPort()
49  {
50      delete ui;
51  }
52
```

图 3-41（续图）

串口类已经封装好，只需要实例化对象就可以很方便地使用，当串口接收到数据时就会发射 getData 信号，和它绑定的槽函数 Com_Receive_Data 就会立即被执行。

最后，单击“退出”按钮。

5. 编译程序

代码编写完成以后，下面就是编译运行。首先在左侧菜单栏里选择 Projects（项目），然后在上面选择 x11Qt-4.7.3，单击 Run 按钮，如图 3-42 所示。

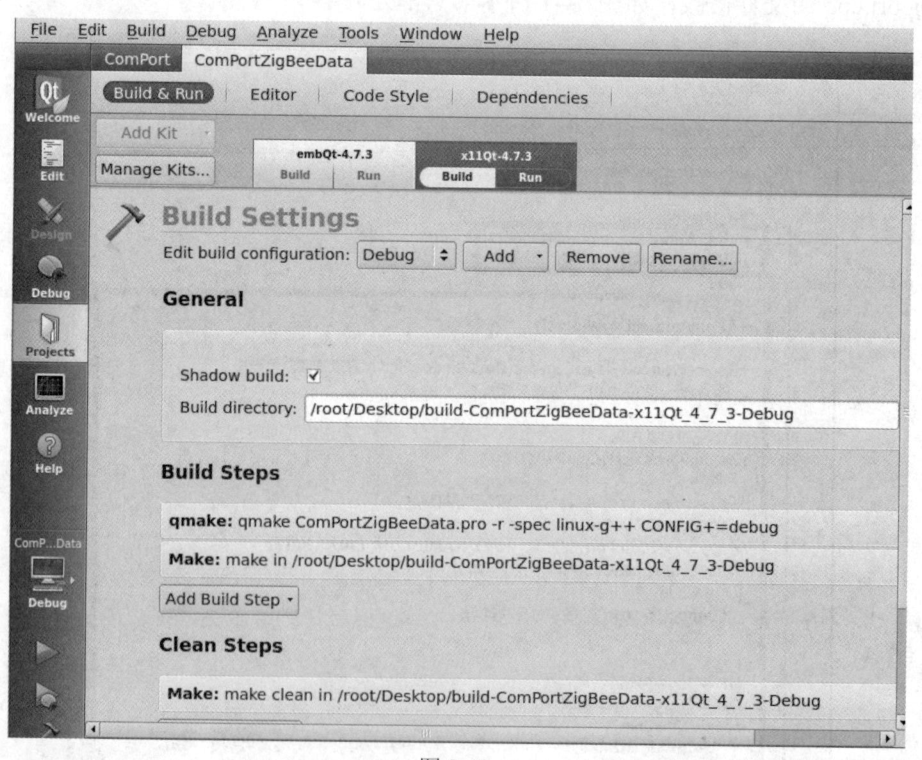

图 3-42

运行结果如图 3-43 所示。

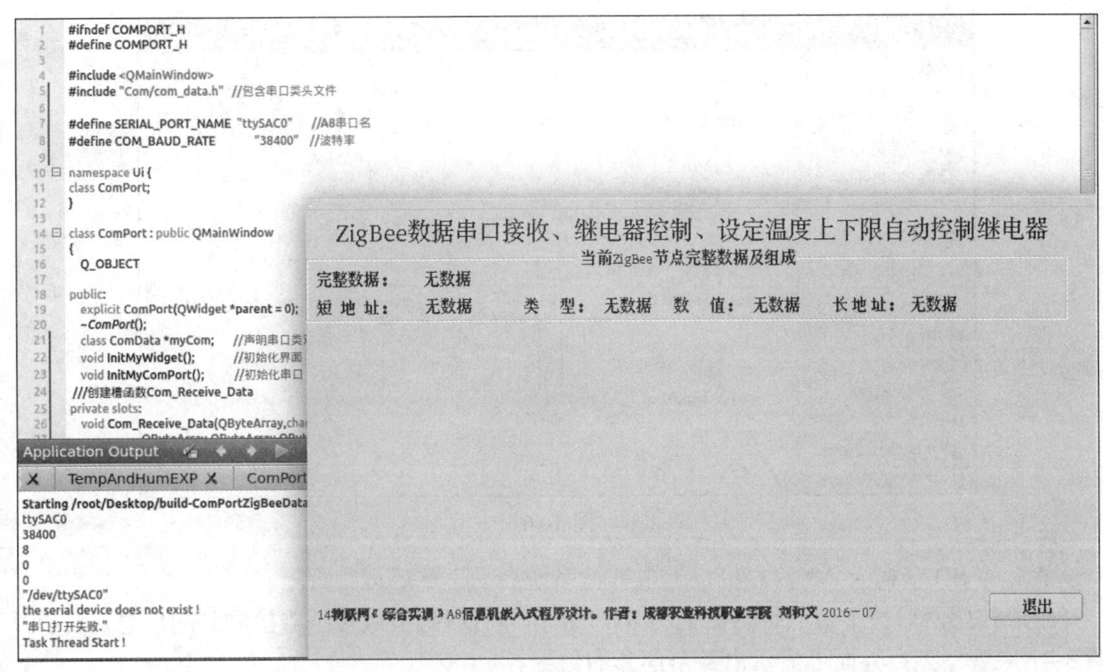

图 3-43

如果要使编译在 A8 信息机运行，则选择套件 ebmQt4.7.3，运行结果如图 3-44 所示。

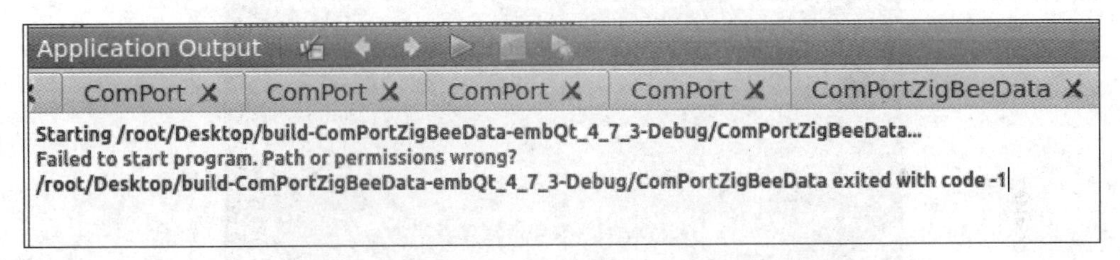

图 3-44

6. 运行程序

编译成功后，找到配置的构建目录 build-ComPortZigBeeData-embQt_4_7_3-Debug，如图 3-45 所示。

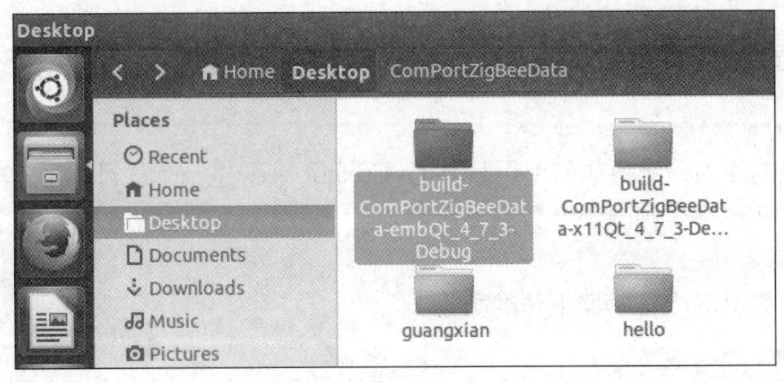

图 3-45

打开该目录，找到可执行文件 ComPortZigBeeData，复制到 SD 卡，如图 3-46 所示。

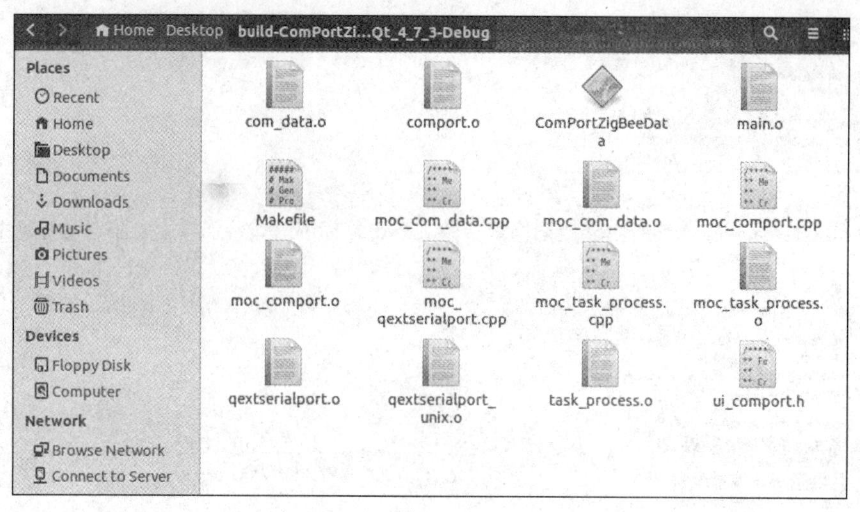

图 3-46

然后将 SD 卡插入 A8 信息机，上电等待系统启动正常后运行程序。

组成传感网后按下节点传感器上的 SW1 按钮即可得到节点传感器检测到的信息，可以从图 3-47 中观察到：界面上显示出各个部分的数据。

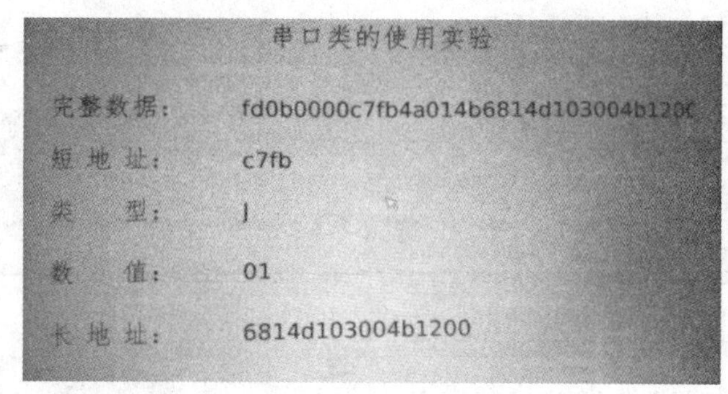

图 3-47

3.4 温湿度传感器数据采集

3.4.1 温湿度传感器数据采集原理

1. 实验目的

通过本实验的学习，熟悉如何使用软件 Qt Creator 来新建一个项目，配置项目以完成自己的设计和调试，并最终得到温湿度数据显示界面。

2. 实验内容

通过串口采集温湿度传感器上传的数据。

3. 实验设备

（1）在用户 Ubuntu 系统上正确安装 Qt Creator 集成开发环境。

（2）A8 信息机一个（包含 SD 卡、读卡器）。

（3）温湿度传感器一个、协调器一个。

（4）5V 电源三个。

4. 实验原理

实验原理流程和数据格式如图 3-48 所示。

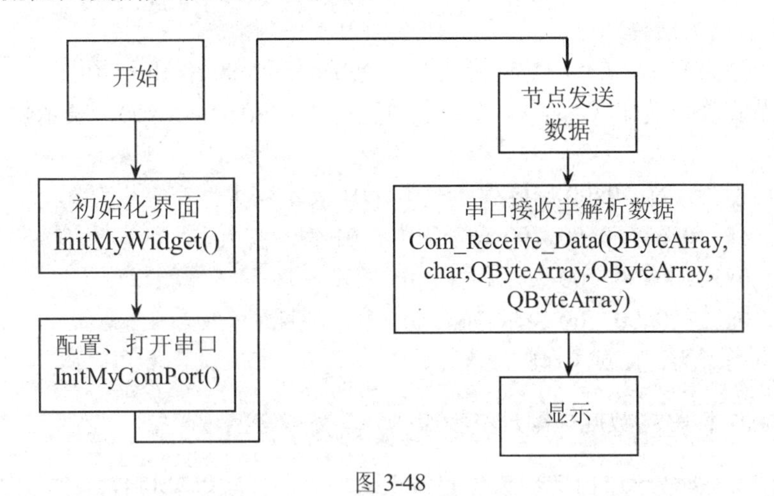

图 3-48

5. 各节点数据结构

（1）温湿度数据，如图 3-49 所示。

名称	字节数	说明
数据标头	1 字节	路由发送默认为：0XFA 终端发送默认为：0XFD
数据长度	1 字节	数据字节数+9
父节点短地址	2 字节	
本节点短地址	2 字节	对应：目地节点短地址
本节点数据	若干（数据长度-9）	本节点类型+内容 （内容：0XAA 0XAA 0XAA 0X01（状态）触发回复。 内容：0XBB 0XBB 0XBB 0X01（状态）确认回复）
数据校验和	1 字节	（数据相加）%256
MAC 地址	8 字节	起始位置=数据长度-2（0 位开始）

FD	OE	00 00	C7 FB	45	38	00	1C	44	ED	F8 DD 50 02 00 4B 12 00
数据标头	数据长度	父节点短地址	本节点短地址	本节点类型	湿度高位	湿度低位	温度底位	温度低位	数据校验和	MAC 地址

温湿度数据

数据标头：FD

数据长度：0E

父节点短地址：00　00

本节点短地址：C7 FB

本节点类型：45

本节点数据：3B　0D　1C　44

数据校验和：ED=(45+3B+0D+1C+44)%256

MAC 地址：F8　DD　50　02　00　4B　12　00

图 3-49

说明：温湿度节点类型为 0x45 或 E。其中温度数据格式是 QString::number(value.at(2))+"."+QString::number(value.at(3))，湿度数据格式是 QString::number(value.at(0))+"."+QString::number(value.at(1))。

（2）其他节点数据。

光照节点类型为 0x21 或 C，数据格式是：QString::number(value.at(0))。

可燃气体节点类型为'J'或 0x4A，数据格式是 value.at(0) == 0x00，表示超标，0x01 表示正常。

火焰节点类型为：N；0x00，00 表示正常，01 表示着火。

人体热释红外：0x61；0x00，00 表示无人，01 表示有人。

烟雾传感：0x38；0x00，00 表示超标，01 表示正常。

二氧化碳：0x22；0x00，00 表示正常，01 表示超标。

继电器节点类型为：K 或 0x4B。

3.4.2 温湿度传感器数据采集开发步骤

本训练利用 3.3.3 节“串口数据采集开发步骤”中的训练继续进行。

（1）UI 界面增加如图 3-50 所示（黑框部分）。

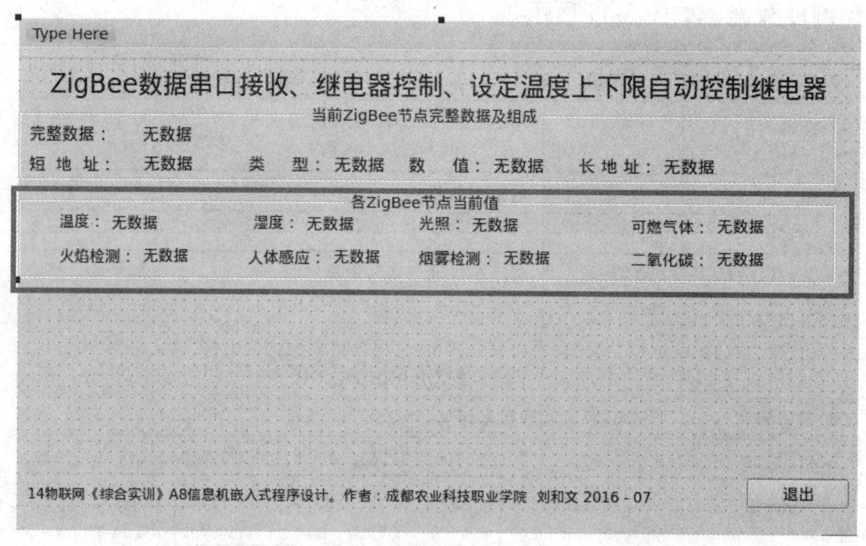

图 3-50

（2）各控件类型及主要属性如表 3-2 所示。

表 3-2

控件类型	text 属性值	objectName 属性值
groupBox	各 ZigBee 节点当前值	groupBox_allvalue
label	温度：	label_temp
label	无数据	label_temp_show
label	湿度：	label_humi
label	无数据	label_humi_show

续表

控件类型	text 属性值	objectName 属性值
label	光照：	label_light
label	无数据	label_light_show
label	可燃气体：	label_combustiblegas
label	无数据	label_combustiblegas_show
label	火焰检测：	label_fire
label	无数据	label_fire_show
label	人体感应：	label_humaninduction
label	无数据	label_humaninduction_show
label	烟雾检测：	label_smoke
label	无数据	label_smoke_show
label	二氧化碳：	label_co2
label	无数据	label_co2_show

（3）comport.cpp 源文件增加如图 3-51 所示的代码。

```
37    ///处理接收到的串口数据
38    void ComPort::Com_Receive_Data(QByteArray oneData, char type, \
39              QByteArray shortaddr, QByteArray value, QByteArray macaddr)
40    {
41      ui->label_onedata_show->setText(QString(oneData.toHex()));      //显示整条数据
42      ui->label_type_show->setText(QString(type));                   //显示节点类型
43      ui->label_shortaddr_show->setText(QString(shortaddr.toHex())); //显示短地址
44      ui->label_value_show->setText(QString(value.toHex()));         //显示数值
45      ui->label_macaddr_show->setText(QString(macaddr.toHex()));     //显示长地址
46      //显示各节点具体数据
47      if ( type == 0x21 ) //光照
48      {
49        ui->label_light_show->setText(QString::number(value.at(0)));
50      }
51      if ( type == 'E' )  //温湿度
52      {
53        ui->label_temp_show->setText(QString::number(value.at(2))+"."+QString::number(value.at(3)));
54        ui->label_huim_show->setText(QString::number(value.at(0))+"."+QString::number(value.at(1)));
55      }
56      if ( type == 0x4A ) //可燃气体
57      {
58        if ( value.at(0) == 0x00 ) //可燃气体超标
59        {
60          ui->label_combustiblegas_show->setText(QString::fromUtf8("超标"));
61        }
62        else if ( value.at(0) == 0x01 ) //可燃气体正常
63        {
64              ui->label_combustiblegas_show->setText(QString::fromUtf8("正常"));
65        }
66      }
67      if ( type == 'N' )  //火焰
68      {
69        if ( value.at(0) == 0x00 )    {
70          ui->label_fire_show->setText(QString::fromUtf8("正常"));    }
71        else if ( value.at(0) == 0x01 )     {
72          ui->label_fire_show->setText(QString::fromUtf8("着火"));    }
73      }
```

图 3-51

```
74      if ( type ==0x61 )  //人体
75      {
76        if ( value.at(0) == 0x00 )      {
77          ui->label_humaninduction_show->setText(QString::fromUtf8("无人"));     }
78        else if ( value.at(0) == 0x01 )      {
79          ui->label_humaninduction_show->setText(QString::fromUtf8("有人"));     }
80      }
81      if ( type ==0x38 )  //烟雾
82      {
83        if ( value.at(0) == 0x00 )      {
84          ui->label_smoke_show->setText(QString::fromUtf8("超标"));     }
85        else if ( value.at(0) == 0x01 )      {
86          ui->label_smoke_show->setText(QString::fromUtf8("正常"));     }
87      }
88      if ( type ==0x22 )  //二氧化碳
89      {
90        if ( value.at(0) == 0x00 )      {
91          ui->label_co2_show->setText(QString::fromUtf8("正常"));     }
92        else if ( value.at(0) == 0x01 )      {
93          ui->label_co2_show->setText(QString::fromUtf8("超标"));     }
94      }
95    }
96
97    ComPort::~ComPort()
98    {
99      delete ui;
100   }
101
102   void ComPort::on_pushButton_exit_clicked()
103   {
104     close();
105   }
```

图 3-51（续图）

（4）X11 环境下运行结果如图 3-52 所示。

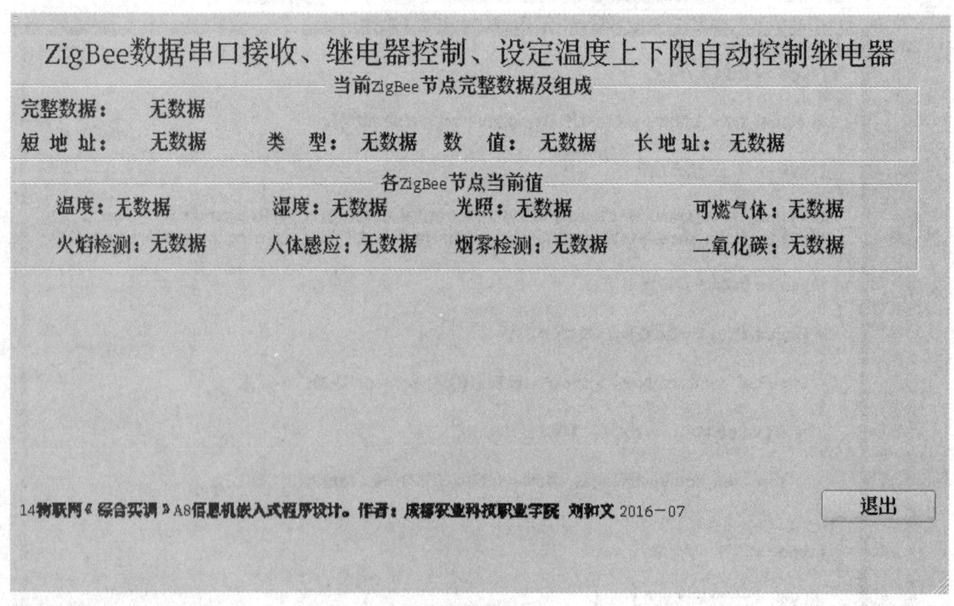

图 3-52

（5）Embedded 环境下运行结果略。

注意：本实验需要安装 LXE 播放器。

3.5　继电器模块节点控制

3.5.1　继电器模块控制原理

1．实验目的

通过本实验的学习，熟悉如何使用软件 Qt Creator 来新建一个项目，配置项目以完成自己的设计和调试，并实现对继电器的控制操作。

2．实验内容

对设置的继电器模块进行打开和关闭操作。

3．实验设备

（1）在用户 Ubuntu 系统上正确安装 Qt Creator 集成开发环境。

（2）A8 信息机一个（包含 SD 卡）。

（3）继电器一个、协调器一个。

（4）5V 电源三个。

4．实验原理

实验原理流程和数据格式如图 3-53 所示。

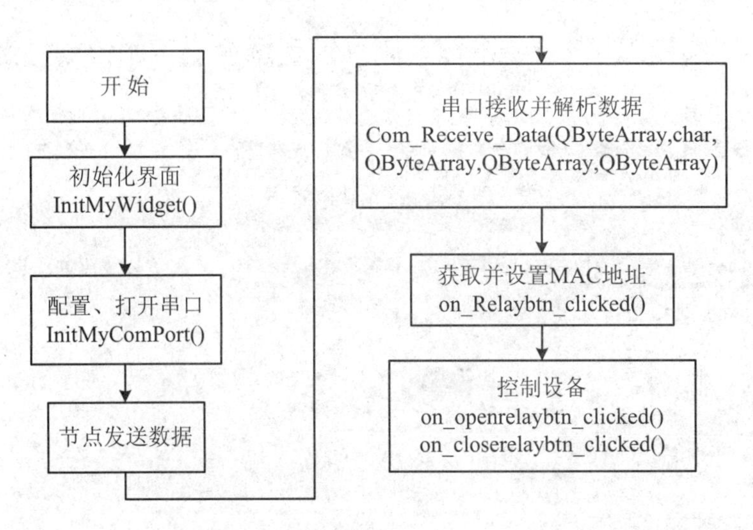

图 3-53

继电器数据格式如图 3-54 所示。

标志	长度	父节点	本节点	类型	数据	校验	长地址
FDH	0DH	00H 00H	08H 79H	XXH	AAH AAH AAH	00H	01H 02H 03H 04H 05H 06H 07H 08H
FDH 终端 FAH 路由	类型+数据+校验+长地址	父节点短地址	本节点短地址	传感器类型	默认		节点 IEEE 地址

ZigBee 节点设备发送数据格式

图 3-54

FA	0D	00 00	00 01	4B	AA AA AA	49	C3 C3 6F 02 00 4B 12 00
数据标头	数据长度	父节点短地址	本节点短地址	本节点类型	本点节数据	数据校验	MAC 地址

数据标头：FA

数据长度：0D

父节点短地址：00 00

本节点短地址：00 01

本节点类型：4B

本节点数据：AA AA AA

数据校验：49

MAC 地址：C3 C3 6F 02 00 4B 12 00

图 3-54（续图）

3.5.2 继电器模块控制开发步骤

本训练在 3.4.2“温湿度传感器数据采集开发步骤”中的训练基础上继续进行。

1. UI 界面添加如图 3-55 所示（黑框部分）

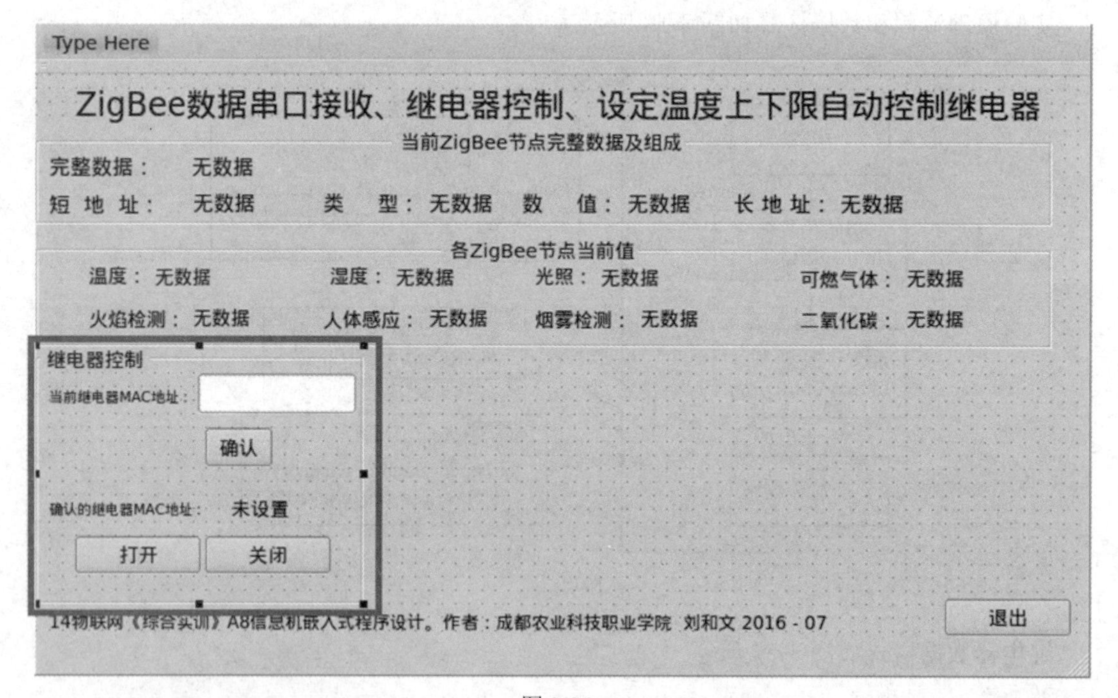

图 3-55

说明：当组网的某个继电器向串口发送数据（比如，人工按某个继电器的 SW1 开关）时，其 MAC 地址就显示在“当前继电器 MAC 地址:”右边的 lineEdit 框内（之所以使用 lineEdit 控件，原因是可以人工设定）。当单击“确认”按钮后，其确认的继电器 MAC 地址将显示在“确认的继电器 MAC 地址:”右侧的 label 上（初始值为“未设置”）。一旦继电器确认后，就可以对其进行“打开”或“关闭”操作了。

各控件类型及部分属性值如表 3-3 所示。

表 3-3

控件类型	text 属性值	objectName 属性值
groupBox	继电器控制	groupBox_reply_ctrl
label	当前继电器 MAC 地址：	label_reply_macaddr_now
lineEdit	空白	lineEdit_reply_macaddr_now_show
pushButton	确认	pushButton_reply_macaddr_sure
label	确认的继电器 MAC 地址：	label_reply_macaddr_sure
label	未设置	label_reply_macaddr_sure_show
pushButton	打开	pushButton_reply_open
pushButton	关闭	pushButton_reply_close

2. 程序修改

（1）新增一个继电器类，操作如图 3-56 至图 3-59 所示。

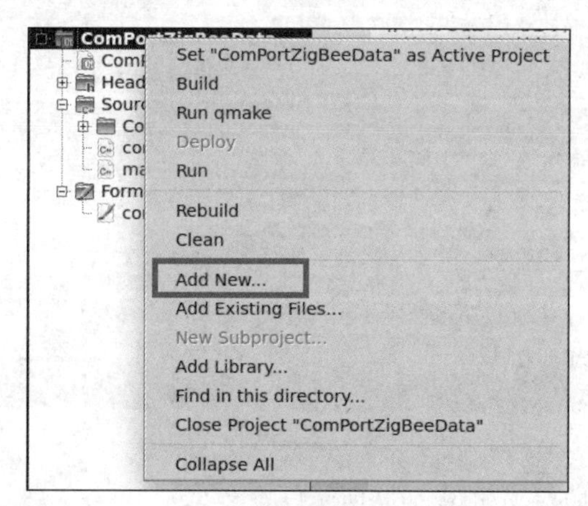

图 3-56

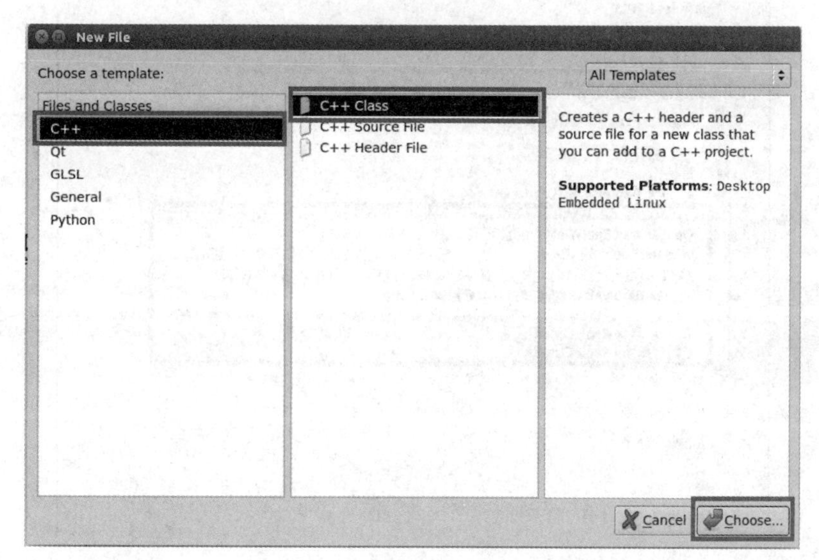

图 3-57

C++ Class Wizard

Enter Class Name

The header and source file names will be derived from the class name

Details
Summary

Class name: Reply
Base class: QObject
Type information: Inherits QObject
Header file: reply.h
Source file: reply.cpp
Path: /root/Desktop/ComPortZigBeeData Browse...

Next > Cancel

图 3-58

C++ Class Wizard

Details
Summary

Project Management

Add to project: ComPortZigBeeData.pro
Add to version control: <None> Manage...

Files to be added in
/root/Desktop/ComPortZigBeeData:

reply.cpp
reply.h

< Back Finish Cancel

图 3-59

（2）reply.h 文件添加代码如图 3-60 所示。

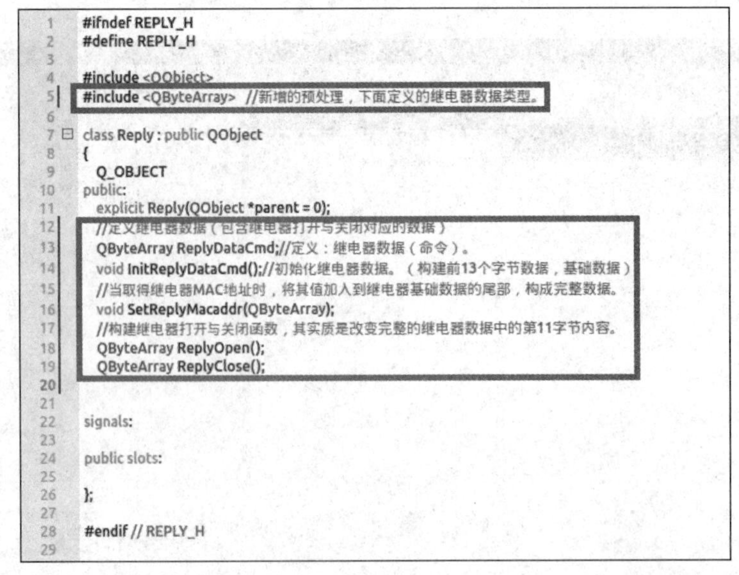

```
1  #ifndef REPLY_H
2  #define REPLY_H
3
4  #include <QObject>
5  #include <QByteArray> //新增的预处理，下面定义的继电器数据类型。
6
7  class Reply : public QObject
8  {
9      Q_OBJECT
10 public:
11     explicit Reply(QObject *parent = 0);
12     //定义继电器数据（包含继电器打开与关闭对应的数据）
13     QByteArray ReplyDataCmd;//定义：继电器数据（命令）。
14     void InitReplyDataCmd();//初始化继电器数据。（构建前13个字节数据，基础数据）
15     //当取得继电器MAC地址时，将其值加入到继电器基础数据的尾部，构成完整数据。
16     void SetReplyMacaddr(QByteArray);
17     //构建继电器打开与关闭函数，其实质是改变完整的继电器数据中的第11字节内容。
18     QByteArray ReplyOpen();
19     QByteArray ReplyClose();
20
21
22 signals:
23
24 public slots:
25
26 };
27
28 #endif // REPLY_H
29
```

图 3-60

（3）reply.cpp 文件添加代码如图 3-61 所示。

```
1   #include "reply.h"
2
3   Reply::Reply(QObject *parent) :
4       QObject(parent)
5   {
6       InitReplyDataCmd();//初始化继电器数据
7   }
8
9   //继电器数据初始化代码（前13字节数据）
10  void Reply::InitReplyDataCmd()
11  {
12      ReplyDataCmd.clear();
13      //ZIGBEE数据标志，占1个字节。序号为：0
14      ReplyDataCmd.append(0xFD);
15      ReplyDataCmd.append(0x0F);//继电器数据长度，序号为：1
16      //父节点地址，连续2个字节，设置为0
17      ReplyDataCmd.append((char)0x00);
18      ReplyDataCmd.append((char)0x00);
19      //本节点地址，连续2个字节，设置为0
20      ReplyDataCmd.append((char)0x00);
21      ReplyDataCmd.append((char)0x00);
22      //继电器类型，1个字节，在整个数据中序号为6
23      ReplyDataCmd.append('K');//6
24      //具体数据
25      ReplyDataCmd.append((char)0x00);
26      ReplyDataCmd.append((char)0x00);
27      ReplyDataCmd.append(0xDD);
28      ReplyDataCmd.append(0x01);
29      ReplyDataCmd.append((char)0x00);//序号为11，AA代表打开，BB代表关闭。
30      ReplyDataCmd.append((char)0x00);//序号为12，数据校验
31      //上面已经构建了13个字节的数据
32      //从第13节字开始添加继电器的MAC地址，总共8个字节。具体添加另行进行（MAC确认按钮按下时）。
33
34  }
35  //在继电器基础数据（初始化）基础上将获得的实际继电器的MAC地址逐个字节加入到继电器数据中
36  void Reply::SetReplyMacaddr(QByteArray replymacaddr)
37  {
38      if ( replymacaddr.size() == 8 )
39      {
40          for ( int i=0;i<8;i++ )
41          {
42              ReplyDataCmd[13+i] = replymacaddr.at(i);
43          }
44      }
45  }
46  //设置继电器打开，实质改变已经构成的完整继电器数据中的部分数据
47  QByteArray Reply::ReplyOpen()
48  {
49      ReplyDataCmd[11]=0xAA;//改写第11字节数据。
50      return ReplyDataCmd;
51  }
52  //设置继电器关闭
53  QByteArray Reply::ReplyClose()
54  {
55      ReplyDataCmd[11]=0xBB;//改写第11字节数据。
56      return ReplyDataCmd;
57  }
```

图 3-61

（4）comport.h 文件添加代码如图 3-62 所示。

```
1  #ifndef COMPORT_H
2  #define COMPORT_H
3
4  #include <QMainWindow>
5  #include "Com/com_data.h" //包含串口类头文件
6  #include "reply.h" //添加自己定义的继电器类
7
8  #define SERIAL_PORT_NAME "ttySAC0"     //A8串口名
9  #define COM_BAUD_RATE          "38400" //波特率
10
11 namespace Ui {
12 class ComPort;
13 }
14
15 class ComPort : public QMainWindow
16 {
17    Q_OBJECT
18
19 public:
20    explicit ComPort(QWidget *parent = 0);
21    ~ComPort();
22    class ComData *myCom;     //声明串口类对象myCom
23    class Reply *myReply;  //声明继电器类myRelply
24    void InitMyWidget();        //初始化界面
25    void InitMyComPort();       //初始化串口
26  ///创建槽函数Com_Receive_Data
27 private slots:
28    void Com_Receive_Data(QByteArray,char,\
29                  QByteArray,QByteArray,QByteArray);
30    void on_pushButton_reply_macaddr_sure_clicked();
31    void on_pushButton_reply_open_clicked();
32    void on_pushButton_reply_close_clicked();
33    void on_pushButton_exit_clicked();
34
35 private:
36    Ui::ComPort *ui;
37 };
38
```

图 3-62

（5）comport.cpp 添加代码如图 3-63 所示。

```
1  #include "comport.h"
2  #include "ui_comport.h"
3
4  ComPort::ComPort(QWidget *parent) :
5    QMainWindow(parent),
6    ui(new Ui::ComPort)
7  {
8    ui->setupUi(this);
9    InitMyWidget();       //初始化界面
10   InitMyComPort();    //初始化串口
11 }
12 //初始化界面代码
13 void ComPort::InitMyWidget()
14 {
15   this->setWindowFlags(Qt::FramelessWindowHint); //设置窗体无边框
16   this->resize(800,480); //设置界面大小
17   myReply = new Reply(); //实例化一个Reply()类，名称为：myReply
18 }
19 ///初始化串口类代码
20 void ComPort::InitMyComPort()
21 {
22   myCom = new ComData;   //实例化串口类对象
23   //设置串口名和波特率
24   myCom->setComPort(SERIAL_PORT_NAME, COM_BAUD_RATE);
```

图 3-63

```
25     if(!myCom->openComPort())//打开串口
26     {
27         qDebug()<<trUtf8("串口打开失败.");
28         return;
29     }
30     myCom->start();//开启线程
31     //将串口数据的接收和解析的方法关联
32     connect(myCom, \
33         SIGNAL(getData(QByteArray,char,QByteArray,QByteArray,QByteArray)),\
34         this, \
35         SLOT(Com_Receive_Data(QByteArray,char,QByteArray,QByteArray,QByteArray))\
36         );
37 }
92         ui->label_co2_show->setText(QString::fromUtf8("正常"));    }
93     else if ( value.at(0) == 0x01 )     {
94         ui->label_co2_show->setText(QString::fromUtf8("超标"));    }
95   }
96   //继电器数据接收处理
97   if ( type == 'K' )   {
98     ui->lineEdit_reply_macaddr_now_show->setText(QString(macaddr.toHex()));   }
99 }
100 ComPort::~ComPort()
101 {
102     delete ui;
103 }
104 void ComPort::on_pushButton_exit_clicked()
105 {
106     close();
107 }
108 //处理继电器控制界面中确认按钮
109 void ComPort::on_pushButton_reply_macaddr_sure_clicked()
110 {
111     //将继电器的MAC地址作为QS格式存放到一个字符串变量中，以便其他代码使用。
112     QString str =ui->lineEdit_reply_macaddr_now_show->text();
113     if ( !str.isEmpty())  //不是空
114     {
115         //将确认的继电器MAC地址显示出来
116         ui->label_reply_macaddr_sure_show->setText(str);
117         //将确认的继电器MAC地址添加到继电器数据中，此时，继电器数据完整。
118         myReply->SetReplyMacaddr(QByteArray::fromHex(str.toAscii()));
119     }
120 }
121 void ComPort::on_pushButton_reply_open_clicked()
122 {
123     //按下继电器打开按钮时向串口发送一条数据，该数据将第11节数据通过ReplyOpen()改写为AA
124     myCom->sendComData(myReply->ReplyOpen());
125 }
126 void ComPort::on_pushButton_reply_close_clicked()
127 {
128     myCom->sendComData(myReply->ReplyClose());//
129 }
```

图 3-63（续图）

3. 运行结果（略）

3.6　综合开发（温度与继电器智能联动设计）

目的：根据温度的当前值是否达到预先设定的阈值自动打开或关闭继电器（外接风扇等），实现智能控制。

（1）UI 界面如图 3-64 所示。

界面说明：

通过“数值输入”区输入温度的上下限（显示在上下限选项右侧的编辑框中），确定后显示在编辑框右侧（初始值为“未设置”）。一旦温度达到上限或下限，系统将打开或关闭 UI 界面中左下侧“继电器控制”区中设置好的继电器。

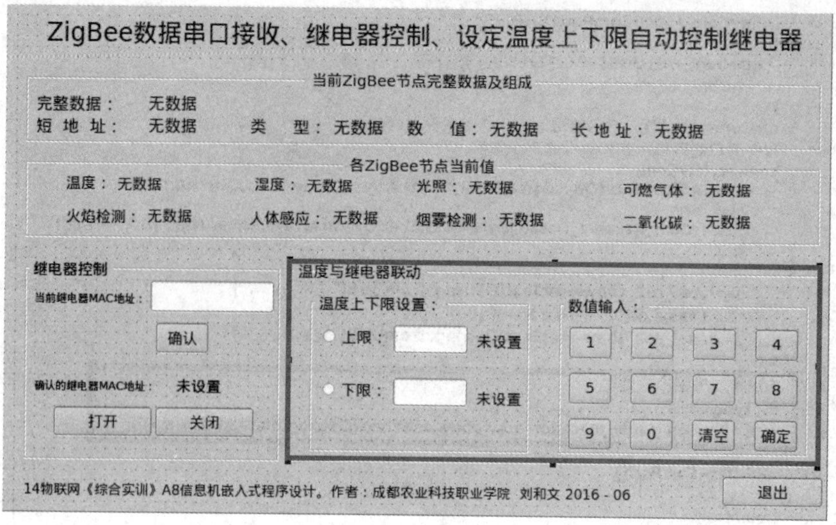

图 3-64

（2）各控件类型及部分属性值如表 3-4 所示。

表 3-4

控件类型	text 属性值	objectName 属性值
groupBox	温度与继电器联动	groupBox_temp_reply_join
groupBox	温度上下限设置：	groupBox_temp_updown_set
radioButton	上限：	radioButton_temp_up
lineEdit	空白	lineEdit_temp_up_edit
label	未设置	label_temp_up_sure_show
radioButton	下限：	radioButton_temp_down
lineEdit	空白	lineEdit_temp_down_edit
label	未设置	label_temp_down_sure_show
groupBox	数值输入：	groupBox_num_input
toolButton	1	toolButton_num_1
toolButton	2	toolButton_num_2
toolButton	3	toolButton_num_3
toolButton	4	toolButton_num_4
toolButton	5	toolButton_num_5
toolButton	6	toolButton_num_6
toolButton	7	toolButton_num_7
toolButton	8	toolButton_num_8
toolButton	9	toolButton_num_9
toolButton	0	toolButton_num_0
toolButton	清空	toolButton_num_clear
toolButton	确定	toolButton_num_sure

（3）comport.h 添加代码如图 3-65 所示。

```
1  #ifndef COMPORT_H
2  #define COMPORT_H
3  #include <QMainWindow>
4  #include "Com/com_data.h"  //包含串口类头文件
5  #include "reply.h" //添加自己定义的继电器类
6  #include <QToolButton>//add-keyboardinput
7  #include <QSignalMapper>//add-keyboardinput
8  #define SERIAL_PORT_NAME  "ttySAC0"     //A8串口名
9  #define COM_BAUD_RATE          "38400"   //波特率
10 namespace Ui {
11 class ComPort;
12 }
13 class ComPort : public QMainWindow
14 {
15     Q_OBJECT
16 public:
17     explicit ComPort(QWidget *parent = 0);
18     ~ComPort();
19     class ComData *myCom;     //声明串口类对象myCom
20     class Reply *myReply;  //声明继电器类myRelply
21     void InitMyWidget();          //初始化界面
22     void InitMyComPort();         //初始化串口
23  ///创建槽函数Com_Receive_Data
24  private slots:
25     void Com_Receive_Data(QByteArray,char,\
26                     QByteArray,QByteArray,QByteArray);
27     void on_pushButton_reply_macaddr_sure_clicked();
28     void on_pushButton_reply_open_clicked();
29     void on_pushButton_reply_close_clicked();
30     void allToolBtnClickSlot(int btn);//add-keyboardinput
31     void on_pushButton_exit_clicked();
32  private:
33     QList<QToolButton *> allBtn;//add-keyboardinput
34     QSignalMapper *signalMapper;//add-keyboardinput
35     void InitVariables();//add-keyboardinput
36     Ui::ComPort *ui;
37  };
38  #endif // COMPORT_H
```

图 3-65

（4）comport.cpp 添加代码如图 3-66 所示。

```
1  #include "comport.h"
2  #include "ui_comport.h"
3
4  ComPort::ComPort(QWidget *parent) :
5    QMainWindow(parent),
6    ui(new Ui::ComPort)
7  {
8    ui->setupUi(this);
9    InitMyWidget();      //初始化界面
10   InitMyComPort();  //初始化串口
11   InitVariables();//add-keyboardinput
12 }
13 //初始化界面代码
14 void ComPort::InitMyWidget()
15 {
16   this->setWindowFlags(Qt::FramelessWindowHint); //设置窗体无边框
17   this->resize(800,480); //设置界面大小
18   myReply = new Reply(); //实例化一个Reply()类，名称为：myReply
19 }
```

图 3-66

```
39   ///处理接收到的串口数据
40   void ComPort::Com_Receive_Data(QByteArray oneData, char type, \
41                   QByteArray shortaddr, QByteArray value, QByteArray macaddr)
42   {
43     ui->label_onedata_show->setText(QString(oneData.toHex()));      //显示整条数据
44     ui->label_type_show->setText(QString(type));                     //显示节点类型
45     ui->label_shortaddr_show->setText(QString(shortaddr.toHex()));  //显示短地址
46     ui->label_value_show->setText(QString(value.toHex()));          //显示数值
47     ui->label_macaddr_show->setText(QString(macaddr.toHex()));             //显示长地址
48     //显示各节点具体数据
49     if (type == 0x21 ) //光照
50     {
51       ui->label_light_show->setText(QString::number(value.at(0)));
52     }
53     if (type == 'E' )  //温湿度
54     {
55       ui->label_temp_show->setText(QString::number(value.at(2))+"."+QString::number(value.at(3)));
56       ui->label_huim_show->setText(QString::number(value.at(0))+"."+QString::number(value.at(1)));
57       //根据当前温度值决定是否打开或关闭继电器
58       if(ui->label_temp_show->text().toInt() >ui->label_temp_up_sure_show->text().toInt())
59       {
60         on_pushButton_reply_open_clicked();
61       //
62       } else if(ui->label_temp_show->text().toInt() < ui->label_temp_down_sure_show->text().toInt())
63       {
64         on_pushButton_reply_close_clicked();
65
66       }
67     }
68     if (type == 0x4A ) //可燃气体
69     {
70       if ( value.at(0) == 0x00 ) //可燃气体超标
136  }
137  void ComPort::on_pushButton_reply_close_clicked()
138  {
139    myCom->sendComData(myReply->ReplyClose());//
140  }
141  //键盘输入映像
142  void ComPort::InitVariables()
143  {
144    allBtn = findChildren<QToolButton *>();
145    signalMapper = new QSignalMapper(this);
146    for(int i=0;i<allBtn.count();i++) {
147      connect(allBtn.at(i),SIGNAL(clicked()),signalMapper,SLOT(map()));
148      signalMapper->setMapping(allBtn.at(i),i);
149    }
150    connect(signalMapper,SIGNAL(mapped(int)),SLOT(allToolBtnClickSlot(int)));
151  }
152  //当键盘有输入时确定数值的编辑与确定
153  void ComPort::allToolBtnClickSlot(int btn)
154  {
155    QLineEdit *Edit;
156    if(ui->radioButton_temp_up->isChecked()) {
157      Edit = ui->lineEdit_temp_up_edit;
158    }
159    else if(ui->radioButton_temp_down->isChecked()) {
160      Edit = ui->lineEdit_temp_down_edit;
161    }
162    else return;
163
164    if(allBtn.at(btn)->text() == trUtf8("确定")) {
165      ui->label_temp_up_sure_show->setText( ui->lineEdit_temp_up_edit->text());
166      ui->label_temp_down_sure_show->setText(ui->lineEdit_temp_down_edit->text());
167
168    } else  if(allBtn.at(btn)->text() == trUtf8("清空")){
169      Edit->clear();
170    } else {
171      Edit->insert(allBtn.at(btn)->text());
172    }
173  }
174
```

图 3-66（续图）

（5）键盘输入映像说明。

```
allBtn = findChildren<QToolButton *>();//寻找所有的 QToolButton 控件，然后返回给容器 allBtn
signalMapper = new QSignalMapper(this);//使用 QSignalMapper 类来捆绑不同按键所发送的一系列无
参数信号，并将其转发为有参数的信号，主要应用为可以实现一个函数响应不同按钮的功能
for(int i=0;i<allBtn.count();i++) {
connect(allBtn.at(i),SIGNAL(clicked()),signalMapper,SLOT(map()));//建立各键值 clicked()对应的信号
与槽之间的关系
signalMapper->setMapping(allBtn.at(i),i);//建立各键键值对应的映射
}
connect(signalMapper,SIGNAL(mapped(int)),SLOT(allToolBtnClickSlot(int)));// 将所需要用到的字母
或者数字通过上述方式连接到槽函数中。将这些所要求得到的字母或者数字发送给焦点控件
```

（6）运行结果（略）。

附录　课程综合评价方式

课程考核改变以往传统的终结性考核方式，采取形成性考核和终结性考核相结合的方式。形成性考核考核学生在平时学习过程中的态度和表现、项目完成的程度和效果等，终结性考核通过实训总结和答辩考查学生对课程的掌握程度。具体考核项目及分值如下表所示。

考核项目		考核方法	比例	小计
形成性考核	学习态度与表现	根据出勤情况、学习纪律及态度综合计分	10%	70%
	项目完成的程度和效果	根据各项目完成情况综合评分	60%	
终结性考核	实训总结	根据学生撰写的实训总结的完整性和有效性评分	20%	30%
	实训答辩	根据答辩效果及答辩表现评分	10%	

本课程在高职类物联网专业人才培养过程中处于核心位置，不可缺失，不可替代，它起到承上启下、综合运用的作用，是毕业设计和顶岗实习的基础，建议开设在第 4 学期期末前。

参考文献

[1] 周立功. ARM 嵌入式系统基础教程[M]. 北京：北京航空航天大学出版社，2005.
[2] 刘传清，刘化君. 无线传感网技术[M]. 北京：电子工业出版社，2015.
[3] 殷立峰. Qt C++跨平台图形界面程序设计基础[M]. 北京：清华大学出版社，2014.
[4] 王志良，王粉花. 物联网工程概论[M]. 北京：机械工业出版社，2011.
[5] 王志良，王新平. 物联网工程实训教程——实验、案例和习题解答[M]. 北京：机械工业出版社，2011.
[6] 吴功宜，吴英. 物联网工程导论[M]. 北京：机械工业出版社，2012.
[7] 朱兆祺，李强，袁晋蓉. 嵌入式 Linux 开发实用教程[M]. 北京：人民邮电出版社，2014.
[8] 李洪兵，陶红艳. 无线传感器网络实用教程[M]. 北京：清华大学出版社，2012.